现代农业产业技术体系建设专项资金

马铃薯
主要病虫害
识别与防治

张若芳　主编

中国农业出版社
北　京

图书在版编目（CIP）数据

马铃薯主要病虫害识别与防治 ／ 张若芳主编．—北京：中国农业出版社，2023.4（2025.7重印）
ISBN 978-7-109-19986-6

Ⅰ．①马… Ⅱ．①张… Ⅲ．①马铃薯－病虫害防治 Ⅳ．①S435.32

中国版本图书馆CIP数据核字（2014）第298690号

马铃薯主要病虫害识别与防治
MALINGSHU ZHUYAO BINGCHONGHAI SHIBIE YU FANGZHI

中国农业出版社出版
地址：北京市朝阳区麦子店街18号楼
邮编：100125
责任编辑：阎莎莎　文字编辑：王庆敏
版式设计：杨　婧　责任校对：吴丽婷　责任印制：王　宏
印刷：北京通州皇家印刷厂
版次：2023年4月第1版
印次：2025年7月北京第3次印刷
发行：新华书店北京发行所
开本：880mm×1230mm　1/32
印张：4
字数：120千字
定价：35.00元

前　言

  马铃薯是全球第三大粮食作物，根据联合国粮食及农业组织（FAO）统计，2021年全世界马铃薯种植面积1 813.27万 hm^2，总产量3.76亿t；我国马铃薯种植面积578.27万 hm^2，总产量9 436.22万t（FAO，2023）。我国马铃薯种植面积和总产量均位居世界第一位。

  马铃薯是很多病原生物的天然寄主，包括细菌、真菌、病毒、类病毒、线虫等。由病虫害侵染造成的马铃薯产量损失可达50%～80%，甚至绝产，并严重影响马铃薯块茎品质，造成巨大经济损失。马铃薯的全部生产活动，在一定程度上就是与病虫害进行斗争的过程。近年来，我国马铃薯种植重茬严重，加之气候异常，导致各种病虫害加重，且病虫害种类呈现多样化趋势。以病害为例，马铃薯病害多达150余种，我国常见的就有30余种。马铃薯病虫害发生和流行的主要原因有种薯质量不合格、栽培技术粗放、病虫害防治技术不完善、收获和贮藏期管理不到位等。

  世界上已经对马铃薯主要病害进行了系统研究，包括症状、病原、发生、分布、流行规律、致病机理、病原致病力等，并在此基础上确定防控技术，为马铃薯生产保驾护航。我国马铃薯病虫害研究尚属起步阶段，特别是对生理性病害如缺素、药害等研究较少。本书是在参考世界各国对马铃薯病虫害的研究，并结合我国马铃薯病虫害研究特别是最近10年研究成果的基础上编写的，主要目的是帮助马铃薯产业相关人员有效识别和防控病虫害，减少经济损失。

编　者

2022年3月

目　录

引　言

　　农业农村部公益行业项目"马铃薯有害生物种类与发生危害特点研究"课题组经过3年的努力，对全国马铃薯主产区26个省125个县级植物保护站全面开展马铃薯病虫害发生种类普查，基本摸清了我国马铃薯病虫害的发生种类与分布。在国家马铃薯现代农业产业技术体系建设专项资金资助下，病虫草害功能研究室岗位专家及团队成员开展了为期5年的马铃薯主要病虫害综合防控技术研究。基于以上项目取得的成果，通过总结、整理，并参考国外相关研究成果编写了本书。

　　本书主要供马铃薯生产基层广大技术人员和农业院校相关专业学生参阅使用，旨在帮助读者对马铃薯常见病虫害进行诊断，并选择适宜的防控技术，提高病虫害防控能力。本书作为实用的指南和工具，具有通俗易懂、直观形象、易于携带的特点。

　　感谢国家马铃薯现代农业产业技术体系、农业农村部公益行业项目、"十二五"国家科技支撑计划项目的资助。

细 菌 性 病 害

马铃薯黑胫病（Potato blackleg）与
气生茎腐病（Aerial stem rot）

▶▶ **概述**　马铃薯黑胫病又称黑脚病，是分布于世界范围内的一种细菌性维管束病害。该病由果胶杆菌属（*Pectobacterium* spp.）和迪基氏菌属（*Dickeya* spp.）细菌对马铃薯组织进行侵染引起，病菌通过释放果胶酶分解组织细胞的细胞壁果胶成分，进而造成马铃薯组织溃烂，并向侵染部位邻近组织发展。黑胫病多发生在温带地区，病原主要传播途径为染病种薯。气生茎腐病多发生在热带地区，病原传播途径为染病种薯、土壤及水源等。两者致病病原包含多种，在不同的国家种植区域，主要病原种类也不同。两者均可对马铃薯产业造成严重的经济损失。

▶▶ **症状**　马铃薯黑胫病与气生茎腐病可发生在马铃薯各个生长时期，症状表现为受害植株萎蔫，受害茎部组织有鱼腥味，发病后期植株倒伏。黑胫病多由种薯发病，逐步蔓延到茎基部，偶尔也会从侵染部位沿主茎向上大面积扩展。气生茎腐病可在茎至种薯的任意部位发病。染病的幼小植株通常无法正常生长并最终死掉。在马铃薯成熟植株上，黑胫病地上部分表现为健康植株快速萎蔫，叶片褪绿，茎基部变黑，并在整个茎部染病后凋零。马铃薯地下块茎的侵染部位通常在与匍匐茎连接处，被侵染后的块茎呈现黑色腐烂，并缓慢向块茎内部扩展，且病部与健康部位之间界限清晰。不同品种及不同田间环境下病症有所不同。

▶▶ **病原**　*Pectobacterium atrosepticum*（syn. *Erwinia carotovora* subsp. *atroseptica*）是最先被报道的马铃薯黑胫病病原，主要分布在加拿大、美国等地区。在巴西

和南非，黑胫病主要病原是*P. brasiliensis*。在新西兰和欧洲，黑胫病主要病原分别是*P. wasabiae* 和*P. atrosepticum*。世界范围内已报道的其他黑胫病病原包括*P. aroidearum*、*P. carotovorum*、*P. odoriferum*、*P. wasabiae*、*P. parmentieri*、*P. polaris*、*P. punjabense*、*D. chrysanthemi*、*D. dadantii*、*D. zeae*、*D. dianthicola* 和*D. solani*。已报道的气生茎腐病病原包括*D. chrysanthemi*、*P. atrosepticum*、*P. brasiliensis*、*P. carotovorum* 和*P. wasabiae*。虽然不同病原导致的黑胫病症状很难被区分，但每种病原的自身生理生化特性和寄主范围却很不一样。主要的分离鉴别方法包括使用Crystal Violet Pectate（CVP）培养基培养和分子检测手段聚合酶链式反应（polymerase chain reaction，PCR）。

马铃薯黑胫病幼苗及气生茎腐病症状

▶▶ **发生规律**　田间马铃薯植株可通过与邻近染病植株的生长接触、雨水喷溅和携带病原的昆虫啃食等方式染病。病原长距离传播通过薯块运输完成。块茎可通过皮孔、伤口及收获贮藏时的创伤等方式染病。土壤湿度大、气候冷凉时发病严重。适宜的发病温度为18 ~ 25℃。染病的种薯是主要传播源。在生产实践中有些染病种薯在非适宜条件下无症状，因此，常被当作健康种薯种植。种植后发病的块茎会感染整个邻近土壤区域及其他块茎，从而导致该病的传播和循环。

▶▶ **防治措施**　马铃薯黑胫病与气生茎腐病的防治主要依靠田间管理措施。

（1）选用无病种薯，并选用具有一定抗性的品种。

（2）尽量整薯播种。需切薯时必须对切刀消毒（75%酒精或0.4%高锰酸钾），避免交叉感染。

（3）及时清除田间病株、剔除病烂薯（包括母薯）。

（4）收获时先收获无病区的植株，染病区不收获或干燥条件下最后收获。避免收获时对马铃薯块茎造成物理创伤。

（5）收获后的马铃薯块茎要进行低温、通风贮藏。

（6）每次操作完后彻底清洁所有机械与设备。

（7）注重栽培管理。控制土壤湿度，注意排水通畅，特别是播种前土壤不宜过湿。

马铃薯软腐病（Potato soft rot）

▶▶ **概述**　马铃薯软腐病是在田间或贮藏期间，由于环境湿度大，由多种病原细菌（也包括部分真菌）在无氧条件下（雨水浸泡、密闭空间等）引起的薯块溃烂。由于不同病原造成的田间症状相似，鉴定病原需结合分子检测手段。

▶▶ **症状**　发病初期，在块茎皮孔周围可见黄棕色的椭圆形小蚀斑。若环境条件较为干燥，则病斑不再扩大；若环境条件较为湿润，则病斑迅速扩大并导致薯块腐烂。病变组织呈乳白色或浅米色的乳脂状，且病部与健部之间没有明显的界线。块茎腐烂初期无臭味，在有细菌进行二次侵染时病部变为黏稠状且散发出恶臭味。

▶▶ **病原**　*Pectobacterium carotovora*（syn. *Erwinia carotovora* subsp. *carotovora*）是最先被报道的马铃薯软腐病病原细菌。后续研究发现，导致发生黑胫病与气生茎腐病的细菌种类在湿润、无氧条件下，均可造成马铃薯块茎软腐病的发生，病原种类详见马铃薯黑胫病与气生茎腐病。

▶▶ **发生规律**　马铃薯软腐病病原细菌仅在潮湿、厌氧条件下才能成功侵染薯块。因此，在降水频繁、过度灌溉或排水不畅造成土壤湿度过大时发病严重。块茎贮藏期间，相邻薯块间形成水膜也为软腐病的发生创造了湿润和无氧条件。病原主要传播途径为薯块的运输。

马铃薯软腐病块茎症状

▶▶ **防治措施**

（1）加强栽培管理。适度灌溉、注意排水，防止田间积水，确保土壤通气性良好。

（2）合理贮藏。贮藏前剔除病薯，将块茎贮藏在阴凉干燥的地方，保持通风。贮藏期间严格控制温湿条件，并及时淘汰病薯。

马铃薯疮痂病（Potato common scab）

▶▶ **概述** 马铃薯疮痂病是一种由链霉菌属（*Streptomyces* spp.）细菌侵染造成的细菌性块茎病害。农业农村部对马铃薯商品薯分级标准规定，疮痂病病斑占块茎表面积20%以上或病斑深度达2mm时为病薯。虽然疮痂病不会影响马铃薯的产量以及人类健康，但会影响马铃薯的外观进而影响销量，从而造成经济损失。

▶▶ **症状** 马铃薯疮痂病主要影响薯块外观品质，不影响产量。常见症状为在块茎表面形成直径0.5～1.5cm、表面粗糙的星状或火山口型病斑。具体病症特点由马铃薯品种及致病病原菌种类决定。病斑通常表现为3种类型：表面型疮痂（包括黄褐色病斑和星型病斑）、深坑型疮痂和凸起型疮痂。不同的病斑类型也可聚集在一起形成更大的结痂区域。年幼的块茎更容易受到病原菌影响，尤其是在块茎发芽后3～4周，包括块茎形成初期和膨大期。薯皮成熟后不会再有病斑扩张。如在土壤湿润时进行块茎收获，在病斑处能看到一层灰白色的孢子层，当块茎表面干燥后孢子层迅速分解。

马铃薯疮痂病薯块症状

▶▶ **病原**　1891年Thaxter首次从北美地区的马铃薯疮痂病样品中分离和描述了马铃薯疮痂病的致病菌*Streptomyces scabies*，之后在欧洲、亚洲、非洲等地陆续有马铃薯疮痂病致病菌的报道。截至2018年，全球共发现35种疮痂病致病菌，均为链霉菌属（表1-1）。*S. scabies*、*S. acidiscabies*及*S. turgidiscabies*是公认的最普遍的3种能够引起疮痂病的病原菌，其中在全球最广泛的引起马铃薯疮痂病的致病菌种为*S. scabies*。虽然疮痂病病原菌多种多样，但是从表面症状上无法区分病原菌种类。主要的病原菌分离鉴别方法包括使用Oatmeal Agar（OMA）培养基和分子检测手段PCR。

表1-1 已报道的疮痂病病原菌

报道年份	致 病 菌
1891	*S. scabies*
1926	*S. flaveolus*
1981	*S. diastatochromogenes*、*S. atroolivaceus*、*S. lydicus*、*S. resistomycificus*、*S. corchorusii*、*S. cinerochromogenes*
1983	*S. cinereus*、*S. collinus*、*S. longisporoflavus*
1989	*S. acidiscabies*
1992	*S. griseus*、*S. exfoliates*、*S. violaceus*、*S. rochei*
1996	*S. ipomoeae*、*S. aureofaciens*、*S. caviscabies*
1998	*S. turgidiscabies*
2000	*S. europaeiscabiei*、*S. reticuliscabiei*、*S. stelliscabie*
2003	*S. luridiscabiei*、*S. puniciscabiei*、*S. niveiscabiei*
2005	*S. cheloniumii*
2009	*S. galilaeus*、*S. bobili*、*S. setonii*、*S. enissocaesilis*
2012	*S. alkaliscabies*
2015	*S. sampsonii*
2017	*S. bottropensis*
2018	*S. griseoplanus*

▶▶ **发病规律** 致病链霉菌具有广泛的宿主范围，包括马铃薯、甜菜、萝卜、胡萝卜、甘蓝、欧洲防风草、甘薯和芜菁等。因此，很难通过轮作来清除土壤中的病原菌。致病链霉菌的形态与真菌类似，孢子可从菌丝顶端被释放，扩散至种子表面、土壤以及水中。孢子可通过伤口、幼虫取食位点、气孔和皮孔发芽处进入植物组织并繁殖。致病链霉菌可在土壤有机质中越冬，甚至在块茎表面或在作物残茬上存活10多年之久且不易被清除，在遇到合适的宿主时会继续感染宿主。通常在中性或偏碱性（pH高于8～9时除外）沙壤土中发病严重。通过雨水、土壤转移及种薯运输等多种传播途径可使病原菌从一个地区扩散到另一个地区。

▶▶ **防治措施** 疮痂病的发生与马铃薯品种、温度（19～24℃）、土壤湿度（较干燥、通气性好的土壤易发生）紧密相关。在化学药剂防治效果有限的情况下，马铃薯疮痂病的防治主要依靠田间管理措施。

（1）选用抗病品种，并使用无病种薯。

（2）安排合理轮作。尽量安排长轮作，防止轮作过程中引入甜菜、萝卜、胡萝卜等疮痂病菌寄主植物。

（3）种植马铃薯前，限制使用碱性土壤改良剂。

（4）注重栽培管理。尽量不使用碱性肥料，以防止pH升高；块茎形成初期的几周内及时补水，以保持垄面湿润。

（5）块茎膨大初期对植株进行充分灌溉以削弱病原菌的侵染能力。

马铃薯网痂病 （Potato netted scab）

▶▶ **概述**　马铃薯网痂病是由链霉菌属（*Streptomyces* spp.）细菌引起的马铃薯块茎病害。网痂病薯块首次发现于荷兰，随后在丹麦（1965）、瑞典（1979）、挪威（1968）、瑞士（1960）等欧洲国家报道。近年我国部分地区也出现疑似网痂病的薯块。与疮痂病不同，网痂病只在薯块表面形成棕色的特征性网状病斑，不会深入薯块内部，但在某些严重的情况下会造成薯块生长裂纹。同时影响植株的地下部分，尤其是植株根部，造成减产。网痂病发病条件也不同于疮痂病，喜湿且在不同类型土壤中均可发病。

▶▶ **症状**　与疮痂病不同，网痂病可危害马铃薯植株的各个地下组织。从播种后块茎出芽、形成根系、出苗到块茎形成前均可发生侵染。根部受侵染时易造成较细的侧根和毛细根发生褐色的腐烂，影响根系发育，降低植株活力，最终导致单株结薯数和单薯重均下降。块茎受侵染时，块茎表面局部或整个块茎表面形成由褐色病斑组成的网状痂斑，而疮痂病不会形成网状病斑。

马铃薯网痂病薯块症状

▶▶ **病原**　主要致病菌为*S. reticuliscabiei*，也包括*S. aureofaciens*、*S. europaeiscabiei*和*S. acidiscabies*。虽然网痂病病原菌多种多样，但是从表面症状上无法明确区分具体由哪种病原菌引起。主要的分离鉴别方法包括使用OMA培养基和分子检测手段PCR。

▶▶ **发生规律**　网痂病的致病机理（包括病原菌如何在土壤中生存以及寄主范围）尚不清楚。染病种薯是重要的侵染源。只有少数品种易感，大多数马铃薯品种对网痂病具有抗性。该病易在低温（13～17℃）和潮湿土壤中发生。薯块运输为病原长距离传播的主要途径。土壤、水分等亦可作为病原存活的媒介。

▶▶ **防治措施**

(1) 选用抗病品种，并使用无病种薯。

(2) 合理安排轮作。

(3) 结薯期控制灌溉。

马铃薯青枯病 （Potato bacterial wilt）

▶▶ **概述**　马铃薯青枯病是一种由茄劳尔氏菌侵染马铃薯植株、块茎造成植株迅速枯萎、死亡的细菌性病害。该病多发生在热带、亚热带地区。受害植株在染病初期无明显症状，发病中期茎叶骤然凋萎且叶片仍为绿色，故称青枯病。

▶▶ **症状**　田间发病时，植株表现为突然萎蔫，且之前没有变色、发黄或坏死等症状。一般单个主茎顶端的叶片先出现不可逆的萎蔫、下垂，但叶片不卷曲或折叠，很快沿着主茎向下，全部叶片萎蔫，进而危害同株其他主茎，并向其他植株蔓延。若马铃薯种薯带菌，出苗后很快开始萎蔫；若土壤带菌或灌溉水带菌，则在生长季的后期出现萎蔫。发病后期，病株主茎切面的维管组织处可见细菌黏液的液滴。若立即挤压纵切的茎部，两段茎部间会分泌出呈线状的细菌黏液。当茎部切面底端放在水中，可见细菌黏液从维管组织中缓慢下沉，呈乳白色的"喷射状"。青枯病的染病叶片无卷曲、发黄的特点，且发病速度快，这是与环腐病植株症状的主要区别。块茎受害时，常表现为脏芽眼、芽眼处黑芽（即出芽就死）、维管束环出现细菌黏液的液滴和褐腐4个典型症状。由于芽眼分泌的大量细菌黏液被土壤附着，收获时病薯常出现脏芽眼。块茎收获时可见初期形成的芽在芽眼中死掉、变黑并且渗漏出黏液。与环腐病不同，病薯纵切后，从维管束环处自发地（不需挤压）分泌白色细菌黏液的光亮液滴。如病原菌从伤口或芽眼侵染块茎，可在块茎表面形成数量不等局部轻微凹陷的圆形褐色至红褐色腐烂。

马铃薯青枯病植株症状

马铃薯青枯病薯块症状（右图刘俊丽提供）

▶▶ **病原** 茄劳尔氏菌（*Ralstonia solanacearum*）（syn. *Pseudomonas solanacearum*, *Burkholderia solanacearum*）。病原检测手段包括使用半选择性培养基（PCCG）和分子检测手段PCR。

▶▶ **发生规律** 病原菌以多种植物根际的分泌物作为营养，可在土壤中残留多年。病原菌侵染马铃薯的维管束系统后大量繁殖并感染整株。病原菌从受害植株的根系或块茎通过细菌黏液等形式进入土壤，作为侵染源继续侵染其他植株。细菌黏液也是收获期和贮藏期其他块茎的重要侵染源。

▶▶ **防治措施**

（1）严格实行检验检疫制度。

（2）使用健康种薯。

（3）加强栽培管理。不使用未消毒的地表水进行灌溉。

（4）对贮藏库、贮藏容器、农业设备与机械严格进行清洁与消毒。

马铃薯环腐病（Potato ring rot）

▶▶ **概述**　马铃薯环腐病是一种发生在马铃薯植株或块茎维管束组织上、极具传染性的细菌性病害，为马铃薯检疫病害。该病主要存在于北美洲及欧洲东北部寒温带地区。该病病原可侵染植株茎部和块茎，多以块茎病症为典型特征。该病主要发生在潮湿的田间或块茎贮藏期，严重时可造成50%的减产。

▶▶ **症状**　染病初期，植株下部叶片萎蔫、失绿、发黄、叶缘向上卷曲。染病后期，叶脉间出现浅黄色斑点，随后整株萎蔫。切开病株主茎，挤压其切面可见细菌黏液渗出。与快速萎蔫致死的青枯病不同，环腐病发病周期较长，感病植株死亡缓慢。块茎发病多发生在贮藏期，也可出现在田间种植期。染病初期，维管束环出现浅黄色变色，用力挤压时有乳白色珍珠状细菌黏液渗出。发病后期，经挤压后块茎仅剩一个空腔。

马铃薯环腐病植株和薯块症状（上左和下中由李进福提供）

▶▶ **病原**　病原菌为密执安棒形杆菌环腐亚种（*Clavibacter michiganense* subsp. *sepedonicus*）（syn. *Corynebacterium sepedonicum*）。病原检测手段包括使用半选择性培养基（SCMF等）和分子检测手段PCR。

▶▶ **发生规律**　马铃薯环腐病菌主要的长距离传播途径为染病种薯的运输。病原菌可潜伏在薯块内几个世代不发病。无症状染病种薯在条件适宜时发病，且能通过接触邻近块茎进行传播。病原菌孢子在干燥条件下可在贮藏室的墙壁和地面、农业机械、包装材料以及干燥的土壤中存活多年，而在湿润条件下生存能力不超过2年。

▶▶ **防治措施**

（1）严格实行检验检疫制度。马铃薯环腐病是检疫性病害，应加强检疫与监管，从源头上加以控制。

（2）使用健康种薯，在田间严格执行卫生措施。对贮藏库、贮藏容器、农业设备与机械严格进行清洁与消毒。收获时避免病薯残留在田间，防止种薯次生污染。

（3）定期对种薯及田间病原菌进行检测调查。

（第一部分编者：吴健　张若芳　冯志文　张振鑫）

第二部分
真菌及卵菌病害

马铃薯晚疫病 （Potato late blight）

▶▶ **概述** 马铃薯晚疫病是一种全球范围内短时间内（2 ~ 14d）可对马铃薯植株造成毁灭性破坏的卵菌病害。在历史上，该病曾经造成了爱尔兰大饥荒，因其防治困难被列入我国农业农村部《一类农作物病虫害名录》中。该病害的病原 *Phytophthora infestans* （Mont.) de Bary 最初被归于真菌，后研究发现其形态、生理生化等指标与真菌存在差异，现被归为卵菌。研究认为，马铃薯晚疫病起源于墨西哥，以A1交配型传入欧洲，后陆续在各国发现A2交配型，然而在田间该病原主要仍以无性繁殖形式存活，且变异速度快，几年内便可对杀菌剂产生抗性，并变异出极具致病力与传播力的新种。马铃薯晚疫病在科学界具有巨大的研究价值，对该病的深入研究为植物病理学的诞生奠定了基础。

▶▶ **症状** 马铃薯植株的各个组织均可发病。叶片上单个病斑的症状因发病环境条件和栽培品种而异。发病叶片早期会出现不规则形状的水渍状病斑，病斑周围组织会收缩呈浅绿色，并在叶片背部可见白色菌丝。浅绿色组织1d内就可变成棕褐色，白色菌丝消失。在潮湿条件下病斑继续扩大，病斑边缘或周围组织有孢子囊和孢囊梗形成的白色稀疏霉轮，病斑周围组织变成浅绿色，最终变成棕褐色。此循环可持续到整个叶片被侵染为止。茎部侵染通常发生在茎和叶柄的接合处，菌丝由叶片生长到茎部。茎部也可被独立侵染发病。茎部病症表现常呈水渍状、深色至黑色病斑。当环境相对湿度达100%、温度在12 ~ 24℃并持续8 ~ 10h后，发病茎部可见白色菌丝。与叶片不同，菌丝可在茎部病斑上反复繁殖，且持续时间更长，可对周围植株造成持续的传播风险。块茎发病可发生在马铃薯生长、收获和贮藏期间，且在黏土里发病尤为严重。块茎病斑呈红褐色、干燥、颗粒状，与周围健康组织没有整齐的界限，病斑可从表皮向块茎内部扩展几厘米深。空气干燥时各发病组织病斑迅速干枯，白色霉状物减少或消失。

马铃薯晚疫病病叶及病薯切面

▶▶ **病原**　马铃薯晚疫病的病原菌为 *Phytophthora infestans* (Mont.) de Bary，只侵染马铃薯和番茄，且在番茄上致病力更强。*P. infestans* 通过有性或无性繁殖方式进行繁殖。*P. infestans* 有性繁殖的交配型共5种：A0交配型、A1交配型、A2交配型、A1A2交配型以及自育型。A2交配型菌株最初仅在墨西哥有报道，其他地区则为A1交配型菌株。目前A2交配型菌株在世界各国均有报道，并在个别地区取代A1交配型菌株成为优势群体。有性繁殖产生的卵孢子是 *P. infestans* 在土壤中越冬或逆境中存活的主要形式。传统的 *P. infestans* 检测主要依靠田间的症状观察和实验室内V8培养基或新鲜薯片诱集。分子检测手段主要为PCR，可采用新鲜病叶组织或FTA卡采集病样提取样本DNA进行检测。

▶▶ **发生规律**　病原菌无性繁殖体是田间病害流行的主要侵染源。当空气湿度超过75%、温度为20℃左右时，无性孢子囊可大量形成。孢子囊在18～24℃，并有水滴存在6h以上时，可以直接萌发生成芽管对宿主进行侵染。在夜间温度较低（8 ~ 18℃）且湿度较大时，孢子囊可间接萌发释放游动孢子。游动孢子萌发形成芽管，侵入宿主组织。因此，在连续雨天且夜间温度较低的环境条件下，马铃薯晚疫病极易发生并流行，一旦田间观察到中心病株，约在14d内病害会迅速蔓延至全田，造成严重的产量损失。当病原菌与块茎接触时即可发生块茎侵染。从叶片或茎秆病斑洗刷下来的孢子囊或土壤中存在的卵孢子与土壤中正在发育的块茎接触时开始侵染块茎。块茎侵染也可发生在收获期和贮藏期。

▶▶ **防治措施** 针对马铃薯晚疫病发病较快的特点，对早期发病的预测预报技术的研究较多。预测预报模型主要通过计算气温、降水、风速、相对湿度和日照时数等变量与发病程度的相关性对发病风险进行预测，并基于病害发生模型数据建立病害决策支持系统（decision support system，DSS）。在模型预测发病高风险时期，人工或飞防喷洒杀菌剂控制晚疫病的暴发。

田间控制晚疫病的管理措施主要有以下几个方面。

（1）避免在已发生晚疫病的田地上翌年继续种植马铃薯。如仍需种植马铃薯，需在出苗85%以上时使用有效杀菌剂至少2次，间隔8 ~ 10d，以防止晚疫病的发生。种植期间应经常到田间查看晚疫病的发病情况。

（2）避免播种带病种薯非常重要。切种过程中施用杀菌剂保护健康种薯不被侵染，也可降低带病种薯芽的萌发。紧急发病时喷施杀菌剂可降低侵染源早期扩散的可能性。发现病薯需马上剔除，深埋并覆土60cm以上抑制其出芽。

（3）挑选适宜灌溉时间，减少叶面潮湿的时间以降低二次侵染。

（4）播种抗性品种可帮助阻止病害流行。

（5）发病前施用杀菌剂，可阻止植物组织中病原菌的萌发和渗透。

马铃薯绯腐病 （Potato pink rot）

▶▶ **概述** 马铃薯绯腐病首次在美国被报道后，现已是世界范围内的一种土传卵菌病害，在我国属检疫病害。该病害多发生在马铃薯块茎成熟期土壤含水量较高的土壤中，也可发生在沙土中。马铃薯绯腐病的典型病症是染病薯块切开后，在空气中暴露15 ~ 30min，薯块逐渐变成粉红色。该病在薯块贮藏期高湿、通风差的条件下发病严重，且可引起厌氧病原菌对薯块进行二次侵染。

▶▶ **症状**　马铃薯根系是绯腐病病原菌侵染的主要组织，侵染成功后，病症可蔓延到茎基部，表现为类似黑胫病的倒伏及基部呈黑褐色溃烂状。随着病症的发展，叶片可表现出类似缺氮的白绿色及在叶尖和边缘处出现类似晚疫病的暗褐色斑点，匍匐茎可呈现白褐色的充水状，生成大量的气生薯，整个田块散发出氨类的刺激性气味。块茎被侵染后，粉红色的腐烂出现在马铃薯的脐部或附近，病斑以一条黑线作为边界。把腐烂的块茎切成两半，在空气中暴露20min，组织变成粉红色，随后由于氧化而变成黑色或紫褐色。新鲜的块茎染病后，挤压块茎，汁液流出，不能恢复到原来的形状。

马铃薯绯腐病病薯（国际马铃薯中心提供）

▶▶ **病原**　马铃薯绯腐病的主要致病菌为*Phytophthora erythroseptica*，其他可致马铃薯绯腐病的疫霉属成员还包括*P. cryptogea*、*P. drechsleri*、*P. megaspora*和*P. nicotiana*。传统的病原检测主要依靠典型症状观察（遇空气变粉红色）和实验室内的选择培养基（V8等＋抗生素）对病原的分离纯化。分子检测手段主要为PCR。

▶▶ **发生规律**　*P. erythroseptica*产生的卵孢子可在土壤中存活数年，含有卵孢子的块茎是马铃薯绯腐病菌远距离传播的主要载体。马铃薯绯腐病发病的适宜条件为20～30℃、高湿度、厌氧环境。遇到暴雨天气，尤其是干热天气后的暴雨天气，大量的孢子被释放到土壤中，引发侵染。刚发病的块茎，病原菌可从一个块茎传播到另外一个块茎。在贮藏条件下病原菌可通过脐部进入块茎，也可通过伤口、膨大的皮孔和气孔进入块茎，进行传播。

▶▶ **防治措施**　马铃薯绯腐病可通过控水得到控制。种植期的田间管理措施包括以下几个方面。

（1）避免生长后期过多灌溉。

（2）低洼地区的马铃薯块茎延迟收获。

（3）当温度低于24℃时进行收获，收获时避免机械损伤。

（4）贮存期施用甲霜灵且注意通风。

马铃薯早疫病（Potato early blight）

▶▶ **概述**　马铃薯早疫病与晚疫病一样，是一种对马铃薯产量影响较大的全球性马铃薯病害。马铃薯早疫病多发生在干湿交替的温暖地区。该病主要通过损伤叶片的表面积、减少光合作用降低马铃薯产量。

▶▶ **症状**　马铃薯早疫病主要危害马铃薯叶片、叶柄和块茎。发病叶片上一般出现深色斑点，形成同心轮纹，周围叶片多黄化。病斑一般呈卵圆形，遇到叶脉会限制其扩大而呈现多角形。通常植株下部叶片先发病，逐步向上蔓延。发病后期叶柄和茎秆会出现深色椭圆形病斑。受侵染叶片衰老坏死，但仍挂在植株上。块茎发病会出现深色、圆形至不规则形状的病斑，病斑凹陷，边缘略微突起。受侵染组织呈金属状或软木塞状，边缘呈现水渍状并变为黄色或黄绿色。浅表皮上的病斑很容易用刀尖削去或挖掉。受侵染块茎经贮藏后特别是在高温下，会枯萎皱缩。病害发生的地块，如果在块茎表皮完全木栓化前收获或收获中造成薯皮创伤，将导致病害蔓延。

马铃薯早疫病叶片症状

▶▶ **病原**　马铃薯早疫病的病原为*Alternaria solani*，是一种真菌。该病原菌以菌丝或孢子的形式在病残体或土壤中存活，当条件适宜时病原菌可直接穿透叶片表皮，对宿主进行侵染。其他已报道的早疫病病原菌还有*A. grandis*。传统的病原检测主要依靠观察形态结构特征，分子检测手段主要为PCR。

▶▶ **发生规律** 马铃薯早疫病的初侵染源为越冬的带病土壤或植物病残体。当环境条件适宜，马铃薯植株接触到初侵染源时，病原菌可在叶片上形成病斑并释放孢子。早疫病主要在老的植物组织上发病，病斑首先出现在底层的老叶上，潮湿与干旱交替的环境条件最适合孢子的形成和扩散。因此，采用喷灌系统和降水频繁的种植区病害较易发生。通常，孢子在夜间温度为 5～30℃时形成，白天叶片干燥时扩散。当相对湿度低于96%时对叶片侵染力下降。沉积在叶片表面的孢子至少可存活8周，在条件适宜时造成侵染。叶片病斑部产生的孢子可污染土壤并通过收获时造成的块茎伤口侵染薯块。一旦块茎发生侵染，温暖的环境会促进块茎腐败，而低温可延缓病害发展。

▶▶ **防治措施**

（1）适当施用保护性杀菌剂可降低早疫病的发生，但不能消除病害。一年施药一般不超过2次。第一次在开花后，第二次在第一次施药2周后。

（2）降低逆境胁迫可延缓病害发展并降低化学药剂的使用频率，包括合理施用化肥、播种早熟健康抗病种薯和合理灌溉。

（3）机械杀秧或药剂杀秧并推迟收获促进表皮成熟、减少表皮伤口，可有效降低块茎侵染。

（4）收获后促进快速木栓化和伤口愈伤可降低贮藏期的块茎感染率。

（5）轮作倒茬，与非茄科作物实行3年轮作。

马铃薯赤星病 （Potato Septoria leaf spot）

▶▶ **概述** 马铃薯赤星病是一种在寒冷、潮湿地区可对茄科植物造成危害的真菌病害，在田间较为常见。该病对马铃薯植株不致死，但传播速度快，可使叶片脱落，降低马铃薯产量。

▶▶ **症状** 马铃薯发病部位为叶片。病斑初为黄褐色圆形小斑点，后扩大成为褐色圆形或近圆形病斑，直径可达12mm，并有赤褐色同心轮纹，常多个病斑合并形成较大坏死区域。叶柄和茎部的病变可达15mm长、2mm宽。发病后期，叶片脱落，有效叶面积可减少60%以上。

▶▶ **病原** 马铃薯赤星病的病原菌为*Septoria lycopersici*，是一种真菌。该病原可在马铃薯葡萄糖琼脂培养基（potato dextrose agar，PDA）或番茄叶片提取液中生长。传统的病原检测主要依靠观察病症及病原形态结构特征。

▶▶ **发生规律** 马铃薯赤星病病原菌可腐生于宿主病残体上。由风媒传播的孢子落在植株叶片上开始侵染，可在生长季的任何时间发生。病原菌可直接造成侵染或从气孔侵入，导致表皮细胞坏死。老叶通常比嫩叶更容易感病并出现更大的病斑。露水期和温度高于18℃时有利于孢子萌发和侵染。

▶▶ **防治措施**

(1) 接触性广谱杀菌剂通常对控制植株叶部病斑有效。

(2) 轮作倒茬。

(3) 及时清除染病叶片。

(4) 避免过度灌溉，扩大株距，以保证田间通风良好。

马铃薯坏疽病 (Potato Phoma foveata/ gangrene)

▶▶ **概述** 马铃薯坏疽病又名茎点霉腐烂病、纽扣状腐烂病，是世界范围内严重威胁马铃薯块茎贮藏的真菌病害。我国已有报道并列为重要的进境检疫性病害。该病害多在寒冷的地区发病，其主要危害对象为马铃薯，也可危害藜属植物。马铃薯坏疽病是典型的贮藏病害，严重危害马铃薯品质。

▶▶ **症状** 贮藏期间，发病块茎表现出凹陷和坏死症状。贮藏初期，多在薯块脐部、芽眼、伤口处形成4～5cm圆形、椭圆形或不规则形的凹陷病斑，病斑呈土黄色、淡红色、淡紫色或淡褐色至褐色。病斑不变软，多数薯块病斑表皮皱缩，有隐约可见的同心纹，后期在病斑中心可见突破表皮散生的小黑点（病原菌的分生孢子器），逐渐发展成为明显可见的黑色小颗粒（聚集成堆的分生孢子器）。切开病薯，可见病部由外向内呈不规则形扩展，病部组织呈土黄色至深褐色腐烂，病健交界处呈深褐色，病健交界部位明显。此外，坏疽病病原菌也能侵染马铃薯叶片和茎，叶片出现褪绿的不规则形黄色斑点，随斑点扩大，叶面出现褐色、大小不等的斑点，且多出现于马铃薯植株的中下部叶片上。在茎上表现为浅褐色斑点，边缘暗黑色，叶柄基部斑点稍长且模糊不清，导致植株萎蔫、生长缓慢，甚至枯死。

马铃薯坏疽病薯块症状

▶▶ **病原** 马铃薯坏疽病的病原为*Boeremia foveata*，是一种真菌，在土壤中可存活多年。坏疽病病原独特的形态学特征仍然是其主要检测手段，即在2%麦芽琼脂培养基20～22℃条件下培养，初期产生白色菌落，边缘规则，从苍白色变为微黄褐色，后期可见蒽醌色素，在酸性条件下，蒽醌色素呈黄色，在碱性条件下呈红色。若将培养物暴露在挥发性氨水上部，几秒钟后培养物变成红色。PCR检测技术也被用于*Boeremia foveata*的辅助鉴定。

▶▶ **发生规律** 病原菌存活于马铃薯块茎及周边土壤环境中。种薯或土壤中带菌水平越高，贮藏时发病的风险越高。生长季初期的侵染率低于生长季后期。病原菌可经表皮伤口侵入块茎内部。在高湿条件下，病原菌可经膨胀的皮孔、芽眼侵染。该病原菌主要以菌丝体或分生孢子器在病薯和土壤中的马铃薯残体上越冬，并通过病薯和包装材料作远距离传播。多雨潮湿和凉爽的天气有利于病害的发展。

▶▶ **防治措施**

（1）使用合格种薯，避免薯皮损伤。收获后12～15℃条件下放置1周，有效促进伤口愈合和薯皮木栓化。低温贮藏前进行晾晒处理可有效降低坏疽病的发生。

（2）保持贮藏环境卫生，入窖前清除病薯。

（3）收获后使用杀菌剂处理可有效降低薯块染病的风险。对干腐病有效的杀菌剂也可用于坏疽病的防治。

（4）加强检验检疫和种薯生产管理，开展种薯产地检疫。

（5）合理规划种植布局，可与禾谷类作物实行2～3年轮作，忌与茄科作物连作。

马铃薯银屑病 （Potato silver scurf）

▶▶ **概述**　马铃薯银屑病是一种由病原侵染马铃薯茎秆和块茎薯皮并产生病斑的真菌病害，可严重降低薯块的经济价值。贮藏期间，该病可致薯块失水萎缩，造成经济损失。

▶▶ **症状**　马铃薯银屑病的症状主要表现在块茎上。在阳光下呈银色病斑，病斑下面为健康组织。银屑病病原菌可侵染白皮、红皮、黄褐色皮的马铃薯，在白皮和黄褐色皮的马铃薯上出现典型的银色坏死斑，严重时皱缩，病斑可覆盖块茎表面大部分面积。与黄褐皮马铃薯相比，红皮品种病症有所不同。贮藏期间感染引起的病变部分通常呈圆形，在马铃薯表面随机出现麻疹。银屑病病原菌通常停留在块茎表面，不会对内部组织造成损害。但在某些情况下，病变下方的组织会稍微变色。贮藏一段时间后，受感染的表皮会开裂，并且感染区域的水分过度流失可能会导致块茎起皱和萎缩。块茎在高湿度下贮藏时，由于真菌孢子的存在，幼嫩病斑的边缘可能会显得乌黑。用手镜或显微镜观察，可能会发现圣诞树形状的病原菌结构。

马铃薯银屑病薯块症状

▶▶ **病原** 马铃薯银屑病的病原菌为 *Helminthosporium solani*，是一种真菌。银腐病病原菌可在PDA、黑麦及水琼脂、V8琼脂培养基上生长，但生长极为缓慢，且不易从土壤和薯块中分离出来。该病原菌主要通过形态学特征鉴定，其鉴定依据为该病原菌在马铃薯块茎上具有银色光泽的病斑及经过保湿培养后形成独有的圣诞树状孢子梗和分生孢子。

▶▶ **发生规律** 马铃薯银屑病初侵染发生在大田中，病原菌由土壤传播，也可由种薯带菌传播。该病原菌分生孢子形成的温度范围为2～27℃，相对湿度范围为85%～100%。分生孢子可通过风扩散到邻近的马铃薯块茎上，并通过皮孔或直接侵染健康的马铃薯。

▶▶ **防治措施**

（1）利用杀菌剂处理种薯可有效防治马铃薯银屑病。

（2）使用健康的种薯。

（3）通过轮作降低土壤中病原菌的存活率。

（4）收获后通风晾干，贮藏在3～5℃的干燥通风环境中，以降低孢子的产生和病原菌的扩散。

马铃薯黑痣病（Potato black scurf）

▶▶ **概述** 马铃薯黑痣病是一种世界性的土传真菌病害，其典型病症表现为块茎上可见由立枯丝核菌的菌核组成的黑色病斑。该病多发生在块茎表皮，影响商品薯的外观，降低马铃薯的商业价值。黑痣病病原菌也可侵染马铃薯幼芽和茎基部，造成马铃薯出苗矮小或死亡。

▶▶ **症状** 马铃薯黑痣病最明显的症状是块茎表面可见深棕色到黑色的由菌核构成的黑痣，呈不规则形状，从小而扁平、几乎不可见的斑点，逐渐长大成团。菌核不向内侵害薯块，紧贴表皮、带土且很难被洗掉。幼苗被感染时，其地下茎产生明显凹陷的红棕色至灰色病斑，在放大镜下可观察到病斑处有深褐色的长菌丝。随着病情发展，病斑还可环绕被侵染的器官。在茎尖周围产生的病斑可能造成茎尖坏死，导致不出苗或出苗延缓、弱苗。次生芽常在受感染部位的下方形成，若次生芽被感染，可能会继续形成三级芽，并可多次循环。在反复感染的情况下种薯将无法发芽或发芽后枯萎，或出现出苗参差不齐的情况。生长中的主茎和匍匐茎也可受到侵染。主茎感染后会导致植株顶部叶片发育迟缓，有时会变成红色或黄色且卷曲。如果茎基部被侵染，典型症状之一是由于病部阻碍碳氢化合物向匍匐茎的运输，从而导致气生薯的形成。另一个典型的症状是在茎基部常覆有灰白色或紫色的菌丝层。

马铃薯黑痣病致芽、地下茎显现坏死斑，产生气生薯，块茎表面形成菌核

▶▶ **病原** 马铃薯黑痣病病原的无性态为*Rhizoctonia solani*，有性态为*Thanatephorus cucumeris*，其在田间一般表现为无性态，少有有性态。无性态的*R. solani*以菌丝或菌核的形式居于土壤中。*R. solani*可以在PDA培养基上生长。传统的病原检测主要依靠观察病症及病原形态结构特征，分子检测手段主要为PCR。

▶▶ **发生规律** 立枯丝核菌根据菌丝融合情况被分为很多亚群，即融合群（AGs），其中融合群AG-3是导致马铃薯黑痣病的原始病原。黑痣病源于种薯带菌或土壤带菌。当播种带病的种薯时，病原菌可接触芽、匍匐茎和根部，当这些组织小且易感时即会发生侵染。一旦芽染病腐坏，就会造成缺苗或延缓出苗。立枯丝核菌的菌丝和菌核可存活在土壤和病残体上，可单独造成侵染或与种薯带菌共同侵染。与种薯带菌一样，土壤带菌也可侵染植株，一般只在其与植株组织接触时才发生。侵染大多发生在植株生长早期，根和匍匐茎可随时被感染。无论病原群体大小，植物生长早期遇高温可降低立枯丝核菌的危害，播种早期低温则会加剧其危害。菌核生成一般发生在生长晚期，特别是杀秧后。带菌种薯的子代块茎可能会被侵染，但被侵染的植株结出的块茎常不被菌核侵染。

▶▶ **防治措施**　马铃薯黑痣病的防治应以田间管理为中心，辅以化学防治和物理防治。

（1）选用优质无病种薯。

（2）适时晚播，可覆盖地膜，选择高垄、易排涝地块，可增加土温、降低湿度，进而降低发病率。

（3）轮作倒茬和合理密植。轮作的时长因不同环境而异。温暖、干燥的气候需要 1 ~ 2 年的轮作，而低温、潮湿的气候需要更长时间轮作。

（4）施用对马铃薯黑痣病病原菌抑制作用较为明显的杀菌剂。

马铃薯干腐病（Potato dry rot）

▶▶ **概述**　马铃薯干腐病是在世界范围内马铃薯贮藏期常见的真菌病害，主要引起块茎中心腐烂且干燥。该病病原菌无法对完整健康的薯皮进行侵染，一旦通过伤口进入薯块内部，可造成严重的经济损失。该病常与其他细菌性病害混合发生，使其干燥的腐烂症状迅速被湿润的腐烂症状所掩盖，导致其田间诊断较困难。

▶▶ **症状**　该病害在马铃薯生长期和贮藏期均可发生，主要危害块茎，病斑多发生于薯块脐部。发病初期薯块表面出现黑褐色凹陷病斑，随后扩大形成较多轮纹状褶皱。后期薯块内部变空，干燥时内部长满白色菌丝，整个薯块变硬、变轻、干缩，呈灰褐色或深褐色，湿度大时发病处变红呈糊状。苗期发病时，幼苗生长势较弱，严重时不能发芽，造成缺苗断垄，甚至部分出土幼苗也会萎蔫枯死。

▶▶ **病原**　马铃薯干腐病的病原为 *Fusarium* spp. 中的 9 个种和变种，包括 *F. solani*、*F. solani* var. *coeruleum*、*F. moniliforme*、*F. moniliforme* var. *intermedium*、*F. moniliforme* var. *zhejiangensis*、*F. trichothecioides*、*F. sporotrichioides*、*F. oxysporum* 和 *F. oxysporum* var. *redolens*。*Fusarium* spp. 的分类十分复杂，形态学鉴定是最传统和最主要的方法，通过观察 *Fusarium* spp. 的菌落颜色，

马铃薯干腐病薯块及切面症状

以及无性世代大型分生孢子、小型分生孢子、厚垣孢子、分生孢子梗的形态进行鉴定。分子鉴定方法主要是PCR和酶联免疫吸附测定（ELISA）。

▶▶ **发生规律** 干腐病为土传真菌性病害，病原菌主要以菌丝体或厚垣孢子随病残体在土壤中或在带菌病薯上越冬，翌年病部产生的分生孢子借雨水或灌溉水传播，通常在土壤中可存活数年。病原菌主要通过收获和贮运期间造成的块茎表皮伤口侵入，也可通过其他病害所造成的伤口或块茎皮孔、芽眼等自然孔口侵入。贮藏期间，干腐病在高湿和温度为15～20℃条件下发病较快，5℃以下发病缓慢。田间湿度大、土温高于28℃时或重茬地、低洼地易发病。收获时气温低、湿度大不利于伤口愈合，会加重贮藏期该病害的发生。贮藏条件差、通风不良易于发病。被侵染的种薯腐烂后污染土壤，污染的土壤又会附在收获的块茎表面。因此，种薯表面繁殖存活的病原菌可成为主要的侵染源。当窖温较高、湿度较大时，大量贮藏的薯块会迅速染病。频繁翻窖倒窖，容易造成新的机械损伤，为病原菌的侵入提供有利条件，导致发病加重。

▶▶ **防治措施**

1.贮藏期防控 不同马铃薯品种对干腐病病原菌的感病性不同，目前尚无对干腐病具有抗性的品种。收获后块茎对干腐病的耐受性最强，随时间增加感病性增加，早春播种期感病性最强。提供良好的贮藏条件，避免产生伤口，促进伤口愈合，是最有效的管理方式和解决办法。

（1）收获前杀秧，收获期气温7℃以上，可有效促进薯块表皮木栓层形成，降低损伤。

（2）收获早期，保持高湿、良好通风条件，在13～18℃下放置14～21d可加速薯块伤口愈合。

（3）贮藏期间使用已登记杀菌剂可起到一定的防控效果。

2.生长期防控

（1）种薯切块前在10～15℃条件下放置1周，可降低损伤及腐烂风险、加速芽的生长、促进伤口愈合。

（2）已损伤或有干腐迹象的薯块应及时用杀菌剂处理。杀菌剂不能起到治疗作用，但能降低新侵染的发生。

（3）温度5℃以内及浅播可加速发芽、促进伤口愈合，出苗后通过培土弥补前期浅播。

（4）为促进统一发芽，切薯后放置勿超过10d，保持温度16℃以下良好通风，堆高不超过1.2m。

马铃薯枯萎病 （Potato Fusarium wilt）

▶▶ **概述** 马铃薯枯萎病是在世界范围内危害马铃薯的主要土传真菌病害之一。该病病原菌通过侵染宿主根系，阻断水分向地上部分的运输，造成叶片及茎秆萎蔫，对马铃薯产量造成严重威胁。

▶▶ **症状** 发病初期叶片下垂萎蔫，与正常叶片有较大区别，特别在阳光照射强烈的时间段症状更加严重，在光照弱的清晨和晚上又会恢复正常。随着病情的发展，叶片会由下而上逐渐枯萎。剖开病茎、薯块内部维管束变为褐色或黑褐色。在病变的部位，常伴有白色或粉红色菌丝。

马铃薯枯萎病植株症状

▶▶ **病原** 马铃薯枯萎病的病原为*Fusarium* spp.，其中能够引起该病的有*F. oxysporum*、*F. solani*、*F. moniliforme*、*F. tricinctum*、*F. avenaceum*、*F. sambucinum*、*F. nivale*和*F. acuminatum*。*Fusarium* spp.适应力较强，10～35℃下均可生长，在马铃薯整个生育期内均可造成侵染。温度为5～10℃时，病原菌可缓慢生长。贮藏时病薯中的菌丝体可在病薯中越冬，成为翌年的初侵染源。传统的病原检测主要依靠观察病原菌形态结构特征，分子检测手段主要为PCR。

▶▶ **发生规律** 病原菌主要以菌丝体或厚垣孢子随病残体在土壤中或在带菌病薯上越冬，翌年病部产生的分生孢子借雨水或灌溉水传播，从伤口侵入。病原菌寄生于维管束后，轻者不发病，重者可堵塞导管，同时产生有毒物质，导致马铃薯植株叶片枯黄而死。枯萎病发病的最适温度为27～32℃，20℃时病害危害趋于缓和，15℃以下病害会明显受到抑制。田间湿度大、土温温度高于28℃时，或重茬、低洼地易发病。

▶▶ **防治措施**
（1）合理密植，加强通风透气，及时发现并销毁病株。
（2）收获时避免伤口，收获后充分晾干再入窖，严防碰伤。
（3）与禾本科作物或绿肥作物等进行4年轮作。

马铃薯黄萎病（Potato Verticillium wilt）

▶▶ **概述** 马铃薯黄萎病又叫马铃薯早死病，是世界范围内较为严重的马铃薯土传病害之一，在我国马铃薯产区广泛发生。该病是马铃薯田间植株早死的主要原因之一，其对叶片的损伤降低了光合作用产物的产生效率，降低了马铃薯的产量及品质。该病通常发生在大田马铃薯自然衰亡的前4～6周，病症与自然衰亡特征相似。

▶▶ **症状** 马铃薯黄萎病在马铃薯整个生长期内均可发生，不同生长期的病害症状不同。病原菌可侵染叶片、匍匐茎、地下茎及块茎。叶片感病后，通常由下部先发病，逐渐沿植株向上发展或先有一条主茎或主茎一侧的小枝叶片萎蔫。发病初期，病叶由叶尖沿叶缘以及主脉间出现褪绿黄斑，并逐渐加深，但主脉及其附近的叶肉仍保持绿色，呈西瓜皮状，叶缘上卷。随着病情加重，整个叶片由黄变褐干枯不卷曲，直至全部枯死，不脱落。发病后期，病茎的维管束组织变褐色，病原菌的菌丝堵塞维管束，断层呈木质。块茎的发病始于脐部变褐，纵切病薯时，可见维管束呈现"八"字形或半圆形变色。久旱遭暴雨后或积水浸泡后可出现急性型症状，病株根茎皱缩，叶片突然萎蔫下垂，水烫状，叶柄及根茎的维管束变褐，晴天阳光暴晒后，病株急速焦枯，当湿度大时，枯死的病茎表皮可被一层灰白色霉层覆盖。

马铃薯黄萎病薯块及地上部症状（许向晖提供）

▶▶ **病原** 马铃薯黄萎病的病原菌有6种，分别为*Verticillium dahlia*、*V. alboatrum*、*V. tricorpus*、*V. nonalfalfae*、*V. nubilum*和*G. nigrescens*（syn.

V. nigrescens）。不同病原菌的寄主范围不同，*V. dahlia* 的寄主范围最广，可侵染 38 个科 660 余种植物。病原菌的主要分离鉴别方法包括 PDA 培养基上观察其形态特征和分子检测手段 PCR。

▶▶ **发生规律** 病原菌以深色菌丝或小菌核的形态存在于土壤中。休眠的繁殖体复苏后首先侵染根部，进入维管束系统，传入顶端组织，导致植株枯萎、死亡。病原菌产生的菌丝和分生孢子，可通过设备、风和水进行传播。病原菌也可通过根部接触传播。*V. alboatrum* 在较冷（16～22℃）、较潮湿的土壤条件下占优势，而 *V. dahliae* 在温暖（22～27℃）、较干燥的土壤条件下占优势。病原菌可与其他病原菌共同作用增加损失。当有线虫存在且每立方厘米达到 20 头线虫时，可增加黄萎病的发病率和严重度。

▶▶ **防治措施**

（1）选用抗病品种。

（2）有效控制黄萎病的农艺操作包括合理施肥和灌溉。合理施用氮、磷、钾肥可降低病害发生，喷灌比沟灌有利于控制病害。

（3）合理轮作。应该与禾本科作物实行 3 年以上轮作，避免连作或与茄科等易感黄萎病的作物轮作。

马铃薯炭疽病（Potato black dot）

▶▶ **概述** 马铃薯炭疽病是一种由病原菌侵染马铃薯植株根、茎、叶、匍匐茎和块茎，并出现典型病症"小黑点"的一种真菌病害，降低了块茎的外观品质和产量。该病原菌的寄主范围广泛，可侵染茄科（如马铃薯、番茄和辣椒等）、葫芦科（如西葫芦、黄瓜等）等植物。

▶▶ **症状** 炭疽病的典型症状是在马铃薯块茎、匍匐茎以及茎上产生大量黑色小菌核。地下部症状为根、茎、匍匐茎腐烂，而地上部症状为叶片发黄、枯萎。茎部和叶片的侵染会导致叶片脱落，地上茎部包括叶柄基部侵染后出现病斑。叶部病斑首先出现在植株顶端，随后向中间和

马铃薯炭疽病症状

基部扩散，病症易与黄萎病和枯萎病混淆。地下茎和匍匐茎病斑与黑痣病类似，但颜色更深。病原菌从根的皮层侵入使周皮脱落。将根从土壤中拔出时因周皮剥落而呈纤维状。受侵染后茎干燥，皮层很容易剥落，维管束组织通常呈紫色。茎内部和外部会积累大量菌核。菌丝和菌核通常出现在地下茎皮层和维管束及距地面几厘米的地上茎内部。有时地下部严重腐烂和植株早亡。在块茎生长的任何时期匍匐茎都可被侵染，一般在距离块茎15 ～ 45mm处。菌核可在块茎表面形成，受侵染的周皮通常在贮藏期变灰与银腐病薯块非常类似。

▶▶ **病原**　马铃薯炭疽病的致病菌为*Colletotrichum coccodes*，其可在寄主上形成球形至不规则形的黑色菌核。该病原菌分生孢子萌发所需的最佳温度为22℃，低于7℃时分生孢子不萌发，菌丝生长的最快温度为25 ～ 31℃，最佳条件为温度28℃和pH 6。主要的分离鉴别方法包括PDA培养基上观察形态结构和分子检测手段PCR。

▶▶ **发生规律**　该病原菌生存能力极强，其小菌核能在块茎、作物残体或泥土中留存数年。其在轻沙质土、低氮、干旱以及高温的条件下容易发病。该病原菌可通过菌丝体在种薯或病残体中越冬，翌年产生分生孢子随雨水传播。分生孢子产生芽管，从植株伤口或直接侵入，高温高湿条件下传播蔓延迅速。块茎可在田间或贮藏时被感染。块茎在土壤中停留的时间越长，发病程度越重，即收获日期越晚，病害越严重。该病的发生率也会随着田间种植马铃薯的次数增加而增加。在贮藏过程中，温暖、潮湿的条件有利于感染和症状的发生发展。

▶▶ **防治措施**

（1）避免使用感染的种薯。

（2）不与病害宿主轮作。

（3）注意采用良好的农艺操作，按时灌溉、施肥，以降低来自环境的压力。

（4）病害对产量的影响在晚期才会显现，因此病害严重的地块适宜播种早熟品种。

马铃薯叶枯病（Potato charcoal rot）

▶▶ **概述**　马铃薯叶枯病多发生在温暖潮湿的地区，轻度影响产量。马铃薯叶枯病田间症状通常与黄萎病相似，但叶枯病病情发展更迅速。

▶▶ **症状** 马铃薯叶枯病多从靠近叶缘或叶尖处发病。发病初期形成褐色坏死斑点，逐渐发展成近圆形至V形灰褐色至红褐色大型坏死斑，具不明显轮纹，外缘常褪绿黄化，最后染病病叶坏死枯焦。病原菌菌丝可侵染马铃薯根系，组织内长出黑色菌丝，最后长成菌核，堵塞维管束，造成马铃薯早期萎蔫甚至枯萎死亡。被侵染的茎呈现出与黑胫病相似的病症。块茎可在收获前和贮藏时被侵染，早期病症出现在芽眼和皮孔（尤其在高温条件下扩大的皮孔）周围，也常出现在匍匐茎连接处，形成深色皱缩区。块茎周皮开始不表现出病症，随后块茎外周1cm组织呈轻微水渍状并变浅灰色。

马铃薯叶枯病叶片症状

▶▶ **病原** 马铃薯叶枯病病原菌为*Macrophomina phaseolina*，是一种真菌，可感染100多个科近500种植物。寄主包括花生、白菜、辣椒、鹰嘴豆、大豆、向日葵、甘薯、苜蓿、芝麻、马铃薯、高粱、小麦和玉米等。*M. phaseolina*主要的分离鉴别方法包括PDA培养基培养和分子检测手段PCR。

▶▶ **发生规律** 马铃薯叶枯病病原菌可以在土壤和作物残体中越冬，是春季侵染的主要来源。病原菌在土壤温度高于30℃时，可长期存活，在潮湿的土壤中，存活率明显降低，存活时间不超过8周。病原菌可附着在种薯上，导致种薯不发芽或出苗后很快死亡。温度达32℃或更高时块茎易被侵染。病症在10℃以下时停止发展，20～25℃时发展缓慢，36℃以上时发展迅速。贮藏期几乎不发生二次侵染，但在温暖条件下受侵染的薯块会腐烂。

▶▶ 防治措施

（1）播种早熟品种，于温度达28℃之前收获。

（2）收获中和收获后避免薯块擦伤和机械伤，保持冷藏贮存。

（3）薯块一旦成熟勿延迟收获。

（4）通过田间灌溉以降低地温控制叶枯病。

（5）不要播种来自叶枯病发病地区的种薯。

（6）与不感病作物多年轮作可降低病害发生。

马铃薯粉痂病（Potato powdery scab）

▶▶ **概述** 马铃薯粉痂病是国内外重点检疫病害之一，最早于1841年在德国被报道，目前在世界范围内普遍发生，可对马铃薯产业造成严重的经济损失。与疮痂病不同，马铃薯粉痂病病原可侵染马铃薯所有地下组织，且在潮湿的土壤中发病较重。马铃薯粉痂病和疮痂病的田间病症在一定时期具有相似性，不易区分。

▶▶ **症状** 粉痂病的病症一般限于植株地下部分的根、匍匐茎和块茎。病原菌从皮孔或芽眼侵入后，感染处首先出现针头大的褐色小斑，外围有半

马铃薯粉痂病块茎症状

透明的晕环，后膨胀为棕褐色疹疱。随病情的发展，疤斑表皮破裂、反卷，皮下组织呈橘红色，释放出大量深褐色粉状物（孢子囊球）。在极其潮湿的条件下，病原菌可在病斑处再次侵染，病斑随后发展成溃疡。感染粉痂病的马铃薯可在贮藏期变干、皱缩。粉痂病的侵染位置通常也是其他病原菌的侵染通道，可导致贮藏期的混合发病。根部和匍匐茎被侵染后，侵染部位出现小病斑，随后发展为奶白色至棕褐色疤斑，直径0.1～1cm，疤斑成熟会变为褐色并逐渐破裂，向土壤中释放出粉末状孢囊孢子。植株根部的侵染可致植株萎蔫、死亡。根和匍匐茎的侵染部位也易引起其他病原菌的二次侵染。

▶▶ **病原** 粉痂病的病原菌为 *Spongospora subterranean*。粉痂病痂斑破裂散出的褐色粉状物为病原菌的休眠孢子囊球。休眠孢子囊球萌发时产生游动孢子。游动孢子近球形，无胞壁，顶生不等长的双鞭毛，可在水中游动。主要的鉴别方法为分子检测手段PCR，尚无法分离培养病原菌。

▶▶ **发生规律** 当孢囊萌发时，可释放出游动孢子。游动孢子侵染根、根毛、匍匐茎、嫩芽、块茎的表皮细胞，偏好潮湿土壤、低温（11～18℃）的环境。病原菌以休眠孢子囊球附着在种薯内或病残体上，可在土壤中存活数年。种薯的调运是病原菌远距离传播的主要方式，机械交叉感染、田间灌溉为近距离传播制造了条件。

▶▶ **防治措施**

（1）选用无病种薯。

（2）病区实行5年以上轮作。粉痂病病原菌在土壤中存活的时间较长，可腐生5年以上，所以在病害发生地区，至少要建立与豆类或谷类作物5年的轮作制度。避免与番茄等其他茄科植物轮作。

（3）若动物以被感染的马铃薯为食，应避免用其粪便作为肥料。

（4）加强田间管理，提倡高垄栽培，避免大水漫灌，防止病原菌传播蔓延。

马铃薯尾孢菌叶斑病 （Potato Cercospora leaf blotch）

▶▶ **概述** 马铃薯尾孢菌叶斑病是一种世界范围内危害马铃薯叶部的真菌病害，主要发生在寒冷、多雨的地区。其典型病症为白色中心与褐色外围构成的"青蛙眼"病斑。该病对马铃薯产量影响不大。

▶▶ **症状** 染病初期，首先在下层叶片出现小的不规则黄绿病斑（2mm左右），稍后向中间和上层叶片蔓延，病斑后变成紫色至黑色。病斑的扩展受叶脉的限制。病斑背面可见灰色浓密绒毛状分生孢子梗。随后病斑与周围组织间形成黑色边界线。坏死病斑呈"青蛙眼"状，与早疫病病斑很像，但该病没有同心轮纹。病斑完全坏死后会脱落，叶片上留下空洞。尾孢菌叶斑病的发病时间与晚疫病发病时间重合。病害流行严重时叶部全部被毁，茎部病斑变黑，整株枯死，但无报道该病可严重影响马铃薯产量。病原菌不侵染块茎。

▶▶ **病原** 马铃薯尾孢菌叶斑病的病原菌为 *Cercospora concors*。*C. concors* 主要的分离鉴别方法为PDA培养基培养，并结合病症和病原形态特征作出判断。

▶▶ **发生规律** 尾孢菌叶斑病在冷凉地区属于小病害，由于它通常与晚疫病同时发生，因此常被忽视。病原菌会在气孔处伸出的孢囊柱分枝上生成孢子。病原菌以菌丝体和分生孢子的形式在病残体中越冬，成为翌年初侵染源。生长季节危害叶片，经分生孢子多次再侵染，病原菌大量积累，遇适宜条件即流行，尤以秋季多雨连作地发病重。

▶▶ **防治措施**

（1）防治其他叶部病原菌的保护型广谱杀菌剂对尾孢菌叶斑病的防治均有效。

（2）杀菌剂在病症发生初期施用，可控制病情的发展。

（3）避免过度灌溉。

马铃薯白粉病 （Potato powdery mildew）

▶▶ **概述** 马铃薯白粉病少发于高海拔地区，对马铃薯产量造成的危害较小。

▶▶ **症状** 主要危害叶片。受侵染植株的叶柄和茎秆上出现长形淡褐色褪绿斑。病斑汇合成片后，会形成更大的水渍状深褐色斑点。受侵染叶片正反两面会产生白色粉状斑块。随着病害加重，病斑两面均产生土灰色至灰褐色的粉状霉菌菌落。底部叶片褪绿后坏死，或变暗褐色脱落，仅剩顶部新叶丛生。叶柄末端的节间发生扭曲变脆。发病严重时，整株死亡但仍保持直立。

▶▶ **病原**　马铃薯白粉病的病原为 *Golovinomyces cichoracearum*、*Leveillula taurica*。主要分离鉴别方法包括PDA培养基上观察病原菌形态特征和分子检测手段PCR。

▶▶ **发生规律**　病原菌能以闭囊壳的形式随病残体在土壤中越冬，也可在田间蓼科杂草上越冬。田间分生孢子借气流传播，扩大危害。病原菌喜温暖潮湿条件，温度20～25℃，相对湿度80%时有利于发病，但相对湿度25%时病害也可发生。昼夜温差大、多雾重露条件下发病重。病原菌孢子较耐旱，较干旱时，植株长势

马铃薯白粉病叶部症状
(国际马铃薯中心提供)

不良，抗性下降，病原菌仍可萌发，也会引起病害发展蔓延。

▶▶ **防治措施**

（1）加强肥水管理，保证植株生长健壮。

（2）合理密植、科学灌溉。收获后清除病残体及蓼科杂草，消灭初侵染源。

（3）茎部初现病斑，可叶面喷施硫素进行处理，两周1次，持续整个生长季。若病害发展严重，硫素处理将不起作用。

（4）喷灌地区马铃薯白粉病不易发生，暴雨可阻止病程进展。

马铃薯灰霉病（Potato grey mold）

▶▶ **概述**　马铃薯灰霉病是一种全球范围内发生的马铃薯叶部真菌病害，在冷湿气候下发病严重。该病主要危害马铃薯叶片，通常对马铃薯产量影响较小，但对其他作物可造成严重的产量损失。

▶▶ **症状**　病原菌仅通过伤口侵染宿主，可侵染叶片、茎秆，也可危害块茎。通常最先在花上侵染，上覆有灰色绒毛状霉层。染病的花掉落在植物顶冠后引发感染。病斑多从叶尖或叶缘开始发生，呈V形向内扩展，初时水渍状，后变青褐色，形状常不规则，有时病斑上出现隐约环纹。病斑发

展的叶片部位比正常叶片薄，潮湿条件下可在叶片的两面均看到灰色的菌霉。严重时病部沿叶柄扩展，殃及茎秆，产生条状褪绿斑，病部产生大量灰霉。块茎侵染通常发生在收获、运输或分级过程中产生的伤口处，病部组织表面皱缩，皮下萎蔫，变灰黑色，后呈褐色半湿性腐烂，从伤口或芽眼处长出霉层，有时呈干燥性腐烂，凹陷变褐。

▶▶ **病原**　马铃薯灰霉病的病原菌为*Botrytis cinerea*，是一种腐生真菌。该病原菌寄主广泛，对不同宿主的危害程度不同。*B. cinerea*主要的分离鉴别方法包括PDA培养基培养和分子检测手段PCR。

▶▶ **发生规律**　病原菌越冬场所广泛。菌核在土壤里，菌丝体及分生孢子在死亡的病残体、土表、土壤内及种薯上均可越冬，成为翌年的初侵染源。病原菌分生孢子在田间借气流、雨水、灌溉水、昆虫和农事活动进行传播，由伤口、残花或枯衰组织侵入，条件适宜时，可进行多次再侵染，扩展蔓延。

▶▶ **防治措施**

（1）高垄栽培，合理密植，降低郁蔽度。

（2）春季适当晚播，秋季适当早收，避开冷凉气温。

（3）合理施肥、灌溉，有效降低染病概率；提高地温，增强伤口愈合能力。

（4）清除病残体，减少侵染菌源。种薯收获后干燥高温下阴干一段时间，促进愈伤，减少发病。重病地实行粮薯轮作。

马铃薯腐霉病（Potato watery wound rot / Potato leak）

▶▶ **概述**　马铃薯腐霉病是一种全球范围内发生的由生活在土壤中的腐霉菌属（*Pythium* spp.）卵菌侵染马铃薯引起的土传病害。病原菌只侵染块茎，早期症状与晚疫病的症状相似，晚期症状与绯腐病和细菌性块茎软腐病相似。

▶▶ **症状**　病症通常表现在块茎上。侵染初期，块茎伤口处出现褐色的凹陷斑。随后几天内，病斑腐烂并逐渐内陷。此阶段症状易与晚疫病的早期症状混淆。接下来向块茎髓部扩散侵染，感病组织呈灰色。块茎切开后，透过表皮和块茎内部可见1个或多个1～2mm的黑褐色区域，呈乳脂状，轻微挤压后可见大量液体渗出。暴露在空气中的感病组织会变黑，病健交界处有一个明显的深褐色边缘。一些品种的感病组织在变黑前先呈淡粉色，易与绯腐病混淆，但其感病组织呈油腻感，而无橡胶质感。侵染后期，感病组织会呈半流体状态，一旦受损后就会从块茎内部渗出，块茎内部形成仅留外壳的空腔。若感病块茎快速干燥，感病组织将会收缩干瘪，硬如石头。渗出液初期不难闻，但随着细菌的二次侵入，腐烂组织发出难闻的气味。

马铃薯腐霉病病薯

▶▶　**病　原**　马铃薯腐霉病的病原为*Pythium debrayanum*、*P. utimum*和*P. splendens*、*P. aphanidermatum*。主要的分离鉴别方法包括V8培养基上观察病原菌形态特征和分子检测手段PCR。

▶▶　**发生规律**　腐霉病病原菌常以厚壁卵孢子习居在土壤中和受感染的薯块上。当种薯播种后，切开的薯块较易被侵染而腐烂。潮湿炎热条件利于该病的发生，温度在16～32℃时病情发展迅速。土壤中的病原菌通常从收获造成的机械伤口或挤压伤口侵入薯块，因此，该病多发生在块茎收获期或收获后的贮藏期内。

▶▶　**防治措施**

（1）种薯播种前需采用有效杀菌剂进行灭菌处理。

（2）避免炎热干燥的天气条件下或土壤温度过高时收获，待薯皮成熟后再收获，收获时避免块茎损伤，不可长时间阳光直射。

（3）贮藏前清除病伤薯，贮藏期注意通风，保持薯块冷凉干燥，温度应保持在4～7℃。

马铃薯癌肿病 (Potato wart)

▶▶ **概述**　马铃薯癌肿病是世界公认的马铃薯生产中的毁灭性病害之一。欧洲与地中海植物保护组织 (European and Mediterranean Plant Protection Organization，EPPO) 将该病的病原菌列为A2类检疫性有害生物。我国也将其列入《中华人民共和国进境植物检疫性有害生物名录》中。大量茄属、烟草属植物均可感染该病，但马铃薯仍是其主要自然宿主。该病原菌于1896年在匈牙利首次被发现后，目前已经遍及世界五大洲约50个国家。马铃薯癌肿病病原菌主要靠存在于癌肿薯块及其腐烂组织中的休眠孢子囊萌发侵染马铃薯。休眠孢子囊可在土壤中存活30年以上，且厚厚的孢子囊壁耐受性强，一旦发病将难于根治。

▶▶ **症状**　危害块茎、芽眼、茎基部和匍匐茎顶端，也偶发于茎、叶片和花的顶部，主要危害地下部分，但根部尚未有报道。感病部位细胞迅速增殖并肿大畸形。地上部分受侵染后，在叶片、分枝与主茎交界处形成状如花椰菜的癌瘤，直径1～8cm，肿瘤组织在光照下前期呈绿色后期逐渐转为褐色，成熟后变为黑色、凋亡。病株主茎末端花器畸形，组织增厚变脆，叶背出现许多无叶柄和叶脉、呈鸡冠状的小叶。大田生长期间，病株与健康植株无明显差异。地下茎基部常形成较大的甚至包围整个茎基部的癌瘤。病原菌从马铃薯块茎芽眼侵染，早期侵染时整个幼薯形成癌瘤，后期侵染会畸变形成类似花椰菜的癌瘤，表皮龟裂，肿瘤组织颜色先呈黄白色，后变为粉红色至黄褐色，最后呈棕色、黑色。病情在窖藏期仍能继续扩展，甚至造成烂窖，病薯变黑，发出恶臭味。块茎和匍匐茎上的癌瘤易与马铃薯粉痂病产生的癌瘤混淆，根本区别在于癌肿病的癌瘤体积增长迅速，16d可增加1 800多倍，而粉痂病仅在根部形成癌瘤。

▶▶ **病原**　马铃薯癌肿病的病原菌为一种低等专性寄生真菌*Synchytrium endobioticum*。该菌无菌丝，仅产生游动孢子侵染马铃薯，无法被培养。目前，国内尚无该菌致病型的鉴定标准，国外主要按照Spieckermann法和Glynne-Lemmerzahl法接种病原菌来鉴定致病型，但十分耗时，且不能有效区分种内差异。

▶▶ **发生规律**　马铃薯癌肿病多发生夏季冷凉、潮湿、昼夜温差大的高海拔山区，该病发生的适宜条件为土壤相对湿度在40%以上、温度为12～24℃、土壤pH 4.5～7.0。土壤相对湿度在40%以上时，休眠孢子囊萌发良好，相对湿度在90%以上时，游动孢子释放最多。带菌种薯是该病传播的主要途径，病原菌也可通过附着在块茎表面，随土壤、病残体、农具、动物粪便、雨水和灌溉水等方式传播。病原菌以休眠孢子囊在病组织内或随病残体在土壤中越冬。休眠孢子囊抗逆性极强，可在土壤中存活30年以上，当条件适宜时萌发释放球形或洋梨形的单核游动孢子，从寄主表皮细胞侵入，再产生孢子囊，并刺激寄主细胞分裂和增殖。孢子囊萌发产生游动孢子或合子，进行二次侵染。病原菌形成的癌瘤破碎后，大量的分生孢子囊又散布到土壤中，成为翌年的主要侵染源。

▶▶ **防治措施**

（1）严格执行检验检疫制度，严禁从马铃薯癌肿病疫区调运种薯。

（2）选育和推广种植抗病品种是控制该病最有效的措施。

（3）建立无病种薯基地，病田土壤及其植株严禁外移。

（4）实行轮作。不宜与烟草、茄子、番茄和辣椒等茄科作物以及甘薯等块根作物轮作，宜与稻类、玉米、豆类及荞麦等作物轮作，一般轮作5年以上。

（5）加强栽培管理。应施用充分腐熟的净肥。宜采用双行垄作栽培，降低田间湿度，创造有利于马铃薯生长但不利于病原菌繁殖、传播的环境条件。田间进行农事操作前一定要做好清洁工作，发现病株及时挖出并集中销毁。

（第二部分编者：吴健　朱杰华　单卫星　权军利）

病毒、类病毒病害

马铃薯苜蓿花叶病毒病 （Potato Alfalfa mosaic virus disease）

▶▶ **概述** 马铃薯苜蓿花叶病毒病是一种世界性病毒病害，对马铃薯的产量影响不大。如果马铃薯种植在感染该病毒的宿主植物（如苜蓿或三叶草）附近，病害可能会局部暴发。

▶▶ **症状** 病症通常表现为在叶片表面引起杂斑，薯块上引起网状坏死斑。病毒株系和马铃薯品种不同可导致症状明显不同。杂斑症状包括叶片表面出现失绿、轻度黄化以及细纹或斑点。被侵染的植株往往轻度矮化，叶面斑点有时会延伸到茎段和块茎部分。苗期幼株叶片由叶尖或叶片边缘向内开始呈现鲜黄色斑驳，黄绿色相接界限不明显。有时叶片褪绿，组织变薄，叶背、叶脉及茎出现黑褐色条斑坏死，以后发展成垂叶坏死症，与 *Potato virus Y*（PVY）侵染症状相似。块茎上的网状坏死斑在收获期清晰可见，从脐部的表皮下层开始延伸到块茎内部。被侵染的植株有时不结薯或者结薯数比健康植株少，块茎畸形皱裂。块茎上的症状与 *Potato mop-top virus*

AMV引致的叶片症状（左图由国际马铃薯中心提供）

（PMTV）和 *Tobacco rattle virus*（TRV）侵染的症状相似。

▶▶ **病原** 苜蓿花叶病毒（*Alfalfa mosaic virus*，AMV）是该病的病原。AMV属于外壳蛋白依赖的三分体正义单链RNA病毒。AMV的寄主范围十分广泛，能侵染51个科430余种双子叶植物。近年来，随着马铃薯、烟草、番茄和辣椒等作物及苜蓿、白三叶等重要豆科牧草的大面积种植，AMV病害发生加剧，严重影响了作物的产量和品质，对畜牧业和农业生产以及经济发展造成了严重损失。AMV的检测方法包括PCR、分子杂交技术、基因芯片技术和一维电泳肽指纹技术。

▶▶ **发生规律** 苜蓿花叶病毒病的发生与蚜虫发生情况密切相关。高温干旱天气不仅有利于蚜虫活动，还可降低寄主的抗病性，促进该病毒在寄主体内的繁殖。因此，苜蓿花叶病毒病多发生于高温、干旱、缺水的天气条件下。对AMV敏感的植物可通过摩擦感染。大田环境下可通过14种蚜虫进行传播。蚜虫可将AMV从邻近的作物（如苜蓿、三叶草等）传到马铃薯上。通过薯块继代传播，但属于自我消除型病毒。

▶▶ **防治措施**

（1）该病毒主要由蚜虫、花粉及机械携带的汁液进行近距离传播，因此，控制蚜虫是防治AMV的主要手段。

（2）选种无毒种薯及幼苗。

（3）田间发现AMV感病植株要及时清除、销毁。不在已知的寄主（如苜蓿或三叶草）附近种植马铃薯，及时清除田间杂草，减少毒源。

马铃薯卷叶病（Potato leafroll virus disease）

▶▶ **概述** 马铃薯卷叶病是一种由蚜虫传播的马铃薯病毒病，在世界范围内广泛存在。该病毒多存在于种薯上，对高敏感品种可造成严重的产量损失。这种病毒还会导致一些品种的块茎坏死。

▶▶ **症状** 被侵染的植株比正常植株矮小，表现出束顶的症状，叶片从边缘开始向上卷曲。病症发展初期，植株顶部的幼嫩叶片直立变黄，小叶沿中脉向上卷曲，小叶基部紫红色。红皮马铃薯品种的叶片会逐渐变粉色，再变红紫色，而白皮马铃薯品种的叶片往往失绿发黄。如果侵染时间发生在生长早期，多数植株会在生长期表现症状。如果侵染时间发生较晚，则生长期不会表现症状。发病初期的症状容易与黑胫病、黑痣病、紫菀黄化病和丛枝病相混淆。种植染病种薯一般在马铃薯现蕾期以后发病，病株叶片由下部至上部沿叶片中脉卷曲，呈匙状，叶肉变脆呈革质化。叶背有时出现紫红色，上部叶片褪绿，重者全株叶片卷曲，植株直立矮化。块茎瘦小，薯肉呈现锈色网纹斑。症状的严重程度因病毒株系、马铃薯品种、生长条件而异。一些品种染病后会在块茎维管束部分表现出网状坏死斑，对加工型品种造成严重经济损失。薯块上的网状坏死斑容易与枯萎病以及其他生理性病害引起的网斑混淆。

马铃薯卷叶病植株和块茎内部症状

▶▶ **病原**　马铃薯卷叶病的病原是*Potato leafroll virus*（PLRV），在世界范围内广泛分布，是造成马铃薯产量减少的重要病毒之一。病毒在宿主体内的分布受限于韧皮部。主要检测手段有电镜法、ELISA、反转录PCR法（RT-PCR）。

▶▶ **发生规律**　PLRV在自然条件下仅由蚜虫传播。田间最有效的传毒媒介是桃蚜，其他蚜虫如马铃薯长管蚜、百合新瘤蚜和茄沟无网蚜等也可将PLRV传播到马铃薯上。蚜虫通过口针刺穿韧皮部，吸取汁液的同时获得并传播病毒。有翅蚜可对病毒进行田间短距离和长距离传播，无翅蚜进行行间与植株间短距离传播。了解蚜虫的消长动态是有效控制蚜虫的必要条件。

在亚热带地区，桃蚜往往发生于作物生长的中期或晚期。在热带地区，蚜虫也可在新生芽尖生长时进行薯块之间的病毒传播。被侵染的薯块也可通过种薯运输对病毒进行更远距离的传播。

▶▶ **防治措施**

(1) 茎尖脱毒法结合ELISA、PCR等检测，获得合格的种薯。

(2) 种薯最好种植在蚜虫发生量少的季节或地区。

(3) 种薯生产田可通过早期杀秧，避开蚜虫迁飞高峰期。

(4) 加强田间管理。拔除田间杂苗，避除侵染源。

(5) 采用杀虫剂控制蚜虫，通过预测蚜虫高峰期调整杀秧时间。

(6) 选用抗PLRV品种。

马铃薯帚顶病毒病 （Potato mop-top virus disease）

▶▶ **概述**　马铃薯帚顶病毒已被我国列入《中华人民共和国进境植物检疫性有害生物名录》。该病毒于1966年在爱尔兰和北苏格兰被首次发现，随后扩散蔓延到世界诸多马铃薯主产区。该病毒可被粉痂病的病原菌携带在自然界传播。该病可造成巨大的产量损失，病原病毒可在薯块上继代传播，但毒力在继代传播的过程中逐渐减弱。

▶▶ **症状**　症状因马铃薯品种和生长条件的不同而不同。染病马铃薯块茎上的症状通常为表皮轻微隆起，薯块内产生向表皮延伸的环状坏死或弧状坏死条纹。PMTV诱导马铃薯块茎产生的粉状结痂症状与线虫传播的烟草脆裂病毒（*Tobacco rattle virus*，TRV）以及马铃薯Y病毒块茎坏死株系PVY[NTN]诱导的块茎坏死症状相似，难以区分。由病薯长成的马铃薯植株在大田可表现出帚顶、奥古巴花叶和褪绿V形纹等症状。帚顶表现为节间缩短，叶片簇生，一些小的叶片具波状边缘，最后造成植株矮化、束生；奥古巴花叶即植株基部叶片表现出不规则的黄色斑块、环纹和线状纹，但植株不矮缩；褪绿V形纹常发生于植株的上部叶片，这种症状不常出现，也不明显，仅在一些敏感品种上出现。大田生长的植株早期下部叶片表现为奥古巴花叶，后期易出现褪绿V形纹，这些症状容易与AMV和马铃薯桃叶珊瑚花叶病毒（*Potato aucuba mosaic virus*，PAMV）引起的叶片症状相混淆。PMTV在不同马铃薯品种上及不同环境条件下的症状表现相差很大。抗性较强的品种，很少或者几乎没有症状。

▶▶ **病原**　马铃薯帚顶病毒病的病原为*Potato mop-top virus*（PMTV）。病原侵染后存在于叶片细胞质中。PMTV为直杆状或杆菌状，基因组由3条大小不同的正链RNA组成。检测手段包括ELISA、RT-PCR、指示植物法和电镜观察法，以RT-PCR、ELISA为主。

▶▶ **发生规律**　PMTV的发生依赖于粉痂病病原菌的传播，而粉痂病病原菌适宜在阴凉的条件下生长，这是PMTV多发生在冷凉地区的主要原因。粉痂病病原菌通常寄生于马铃薯的块茎、茎及根部，病毒可随着病原菌释放出的游动孢子对宿主进行侵染。PMTV存在于土壤中，可通过病原菌的休眠孢子球、人为活动和带病毒的植株进行传播，即使在长期轮作周期之后也不会自动消除。粉痂病病原菌作为PMTV的传播媒介，寄主范围很广，而PMTV的寄主范围却很窄。目前发现PMTV的寄主只有藜科和茄科植物。

▶▶ **防治措施**

（1）预防PMTV通过粉痂病病原菌在种薯调运过程中进行远距离传播。

（2）通过田间管理减少粉痂病以及PMTV的发生。注意田间卫生，如清除种薯以及器械上的黏土，以及提高灌溉水的质量等。

（3）由于PMTV系统性侵染过程缓慢，因此从侵染的薯块长出来的部分分枝和子代块茎能避免被PMTV侵染。试验结果显示，如果在无粉痂病的条件下种植，3年以后病毒可以被消除。

（4）及时拔除病株，减少病害发生率。选用脱毒合格种薯，结合药剂防治粉痂病。

马铃薯轻花叶病（Potato virus A disease）

▶▶ **概述**　马铃薯轻花叶病是一种世界范围内广泛存在的马铃薯病毒病。对部分易感病马铃薯品种可造成严重危害。鉴于该病毒的危害性，EPPO和北美植物保护组织（North American Plant Protection Organization，NAPPO）均将其列为"限定的非检疫性有害生物"（regulated non-quarantine pest，RNQP），我国也将该病毒列入《中华人民共和国进境植物检疫性有害生物名录》中。

▶▶ **症状**　易感马铃薯品种上的病症表现为斑驳花叶、叶缘波状皱褶、病叶光亮、叶片变黄脱落，病株的茎枝向外弯曲，常呈开散状的株型。日照充足季节的症状不如冷凉气候时明显，有时甚至完全呈现隐症。

PVA引致的叶缘波纹及脉间与跨脉花叶症状

PVY和PVA引致的叶面光亮及叶缘波纹症状（国际马铃薯中心提供）

▶▶ **病原**　马铃薯轻花叶病的病原是*Potato virus A*（PVA）。PVA线形，无包膜，长约730 nm，直径约15 nm，遗传物质是一个单链RNA，其寄主范围较窄，仅感染茄科少数植物。检测手段包括ELISA、纳米颗粒增敏胶体金免疫层析法、RT-PCR和实时定量PCR（Real-time PCR）。

▶▶ **发生规律**　该病毒的传播媒介包括桃蚜（*Myzus persicae*）、百合新瘤蚜（*Aphis frangulae*）、鼠李马铃薯蚜（*A. nasturtii*）、棉蚜（*A. gossypii*）和大戟长管蚜（*Macrosiphum euphorbiae*）等。其中，桃蚜是最主要的传毒媒介。桃蚜获毒和接种均只需20s，但可保毒20min，具有很高的传毒效率。PVA还可通过汁液、机械摩擦接种。薯块可持久携带PVA，并随种薯传播和定殖。该病毒可在寄主活体上越冬。在气候温暖地区，PVA在木本植物上（如桃树）越冬，在非木本植物上越夏。PVA也可在马铃薯及其他茄属植物上越冬。

▶▶ **防治措施**

（1）使用无毒种薯。

（2）早期进行拔杂去劣。

（3）在PVA高发区播种抗PVA品种。

（4）使用矿物油或内吸性杀虫剂可有效降低蚜虫数量、减小传播速率。

马铃薯重花叶病（Potato virus Y disease）

▶▶ **概述**　马铃薯重花叶病是一类世界范围内广泛存在的严重降低马铃薯产量的病毒病。病原病毒存在株系分化现象，不同株系侵染不同的马铃薯品种，造成的症状及产量损失也不同。

▶▶ **症状**　常见的PVY株系包括PVY^O、PVY^C、PVY^N和PVY^{NTN}。不同PVY株系侵染不同马铃薯品种后，马铃薯植株表现症状均不相同。通常PVY^O和PVY^C引起的症状比PVY^N严重，PVY^N在当季很少表现症状，症状会在下一代表现出来。

（1）PVY^O。最早被发现的PVY株系，因此叫PVY^O（Old strain）。被PVY^O侵染后，顶部叶片开始萎蔫并从茎上脱落。PVY^O侵染初期症状包括杂斑、坏死斑、叶片黄化脱落甚至过早死亡。次级症状包括抑制生长、植株皱缩矮化、叶片畸形、叶脉生长缓慢、底部叶片脱落，最后只剩部分顶部叶片，植株呈棕榈状。

（2）PVY^C。PVY Common 株系的缩写。有些品种被侵染后会表现花叶、花皱叶、条斑花叶、条斑垂叶坏死。在敏感马铃薯品种上，病株叶片背面叶脉、叶柄及茎上均会出现黑褐色条斑坏死，且叶片、叶柄及茎部均脆，易折，导致植株过早死亡。该病毒也能在块茎上引起网状坏死斑，芽眼周围形成肉桂棕色的斑点。侵染后的块茎一般不发芽。

（3）PVY^N。PVY New 株系的缩写。在很多品种上的症状不明显，因此很难通过拔杂去劣除掉病株。感病植株症状根据品种而异，侵染初期通常不会表现出明显症状，一般中上部叶片呈现轻皱斑驳花叶或伴有褐枯斑。

生育后期开始出现模糊的斑点。二次侵染后所有叶片，尤其是叶脉间开始出现明显失绿以及黄化斑驳。新长出的叶片比正常叶片小且边缘皱缩。

（4）PVY^{NTN}。由于在薯块上引起表面坏死环而得名，是"New Tuber Necrotic Virus Y"的缩写。除上述地上部分的症状以外，此株系的主要特征为在块茎上引起坏死突起环。有时会与TRV引起的症状类似，容易混淆。对其他PVY株系具有抗性的品种一般对此株系失去抗性。生育中后期的病株叶片由下至上干枯而不脱落，呈垂叶坏死症，其顶部叶片常出现失绿斑驳花叶或轻皱缩花叶。PVY与PVX两种病毒复合侵染时，染病叶片出现重皱缩花叶，叶肉凸起，叶片向背面弯曲或向内弯曲，病株生长缓慢，矮化，难以开花，生育中期易枯死。

PVY^{NTN}引致的叶脉坏死　　　　PVY^{NTN}引致的薯块症状

马铃薯重花叶病在叶片和薯块上的症状

▶▶ **病原**　马铃薯重花叶病的病原为 *Potato virus Y*（PVY），单链RNA，弯曲线形，长约730 nm，直径约11 nm。主要检测方法包括RT-PCR、Real-time PCR、ELISA、免疫层析试纸条检测方法、免疫电镜检测方法和寄主诊断法等。

根据其初始寄主植物，PVY 可分为以马铃薯为初始寄主的株系和以非马铃薯物种（如烟草、番茄、茄子等）为初始寄主的株系。根据寄主植物反应，已发现的以马铃薯为初始寄主的 PVY 株系主要有 3 种类型：普通型（PVY^O）、烟草叶脉坏死型（PVY^N）和点条斑型（PVY^C），还有 PVY^Z 和 PVY^E 两种类型，以及一些重组型。其中，PVY^N 和 PVY^O 的重组型马铃薯块茎环斑坏死型（PVY^{NTN}）可导致马铃薯块茎坏死环斑病（Potato tuber necrotic ringspot disease，PTNRD）。

表3-1　PVY株系（胡新喜等，2009）

体系族群	株系	寄主反应	血清学反应
PVY^O	PVY^O	烟草花叶，引起可能带有 N_Y 基因的马铃薯坏死	PVY$^{O/C}$ 血清抗体
PVY^N	Eu-PVY^N	烟草叶片明脉坏死	PVY^N 血清抗体
	PVY$^{N:O}$（PVY^{N-Wi}）	烟草叶片明脉坏死	PVY$^{O/C}$ 血清抗体
	NA-PVY^N	烟草叶片明脉坏死	PVY^N 血清抗体
	Eu-PVY^{NTN}	烟草叶片明脉坏死，PTNRD	PVY^N 血清抗体
	NA-PVY^{NTN}	烟草叶片明脉坏死，PTNRD	PVY^N 血清抗体
PVY^C	PVY^C	引起带有 N_C 基因的马铃薯坏死	PVY$^{O/C}$ 血清抗体
PVY^Z	PVY^Z	引起可能带有 N_Z 基因的马铃薯坏死	PVY$^{O/C}$ 血清抗体
PVY^E	PVY^E	不能引起带有 N_Y、N_C 和 N_Z 基因的马铃薯坏死，也不能引起烟草坏死	

▶▶ **发生规律**　PVY 的一些株系可侵染多种茄科作物。藜科和豆科也是 PVY 的宿主，如大丽花、矮牵牛等。PVY 可通过机械传播以及植株间、薯块间的接触传播。PVY 也可通过种薯进行继代传播，并在马铃薯块茎中长时间存活和越冬。PVY 的主要传播源仍为受感染的种薯。大田环境下 PVY 可被 25 种以上的蚜虫传播，其中桃蚜是最重要的 PVY 传播媒介。

▶▶ **防治措施**

（1）使用脱毒种薯，降低初侵染概率。

（2）选择该病毒以及蚜虫发生率低的地区种植马铃薯。

（3）使用内吸性或接触性杀虫剂减少蚜虫的传播，使用矿物油也可控制PVY的传播，但为保护新叶，不建议频繁使用。

（4）在种植和管理过程中尽可能降低田间机械损伤。种薯切块过程中注意消毒。田间尽早进行拔杂去劣。

马铃薯副皱花叶病（Potato virus M disease）

▶▶ **概述** 马铃薯副皱花叶病是由马铃薯M病毒（*Potato virus M*，PVM）侵染马铃薯，造成叶片卷曲的一类病毒病。PVM自然寄主范围较窄，主要侵染茄科植物，包括马铃薯、番茄、洋金花及人参果等。1923年，PVM在美国被首次分离到，现已在世界马铃薯种植区内普遍存在。

▶▶ **症状** 因PVM株系、马铃薯品种以及生长环境条件不同，感病症状存在一定差异，当环境温度在24℃以上时症状表现明显。强株系侵染后，随着马铃薯生长发育，产生花叶，叶片严重变形，发展至全株叶片卷曲，下部叶片出现不规则的坏死斑点，并很快黄化至干枯。弱株系一般没有明显的症状，常引起病株小叶脉间花叶，小叶尖端稍扭曲，叶缘呈波状，病株顶端叶片微卷，叶面光泽。

PVM引致的植株矮化和叶片皱缩

▶▶ **病原** 马铃薯副皱花叶病的病原为PVM，为单链RNA病毒，有一个未完全封闭的病毒衣壳。主要的检测方法为ELISA、斑点酶联免疫吸附测定（dot-blot ELISA）、RT-PCR和反转录环介导等温扩增（RT-LAMP）。

▶▶ **发生规律** PVM在田间的传播方式包括机械传播、嫁接传播和昆虫传播。马铃薯蚜虫和鼠李蚜虫也可传播此病毒，但效率不高。该病毒在20℃的温度下可保持2～4d的活力。远距离传播主要通过人为引种、商品流通等，带毒块茎和种苗是该病毒传播的主要载体。

▶▶ **防治措施**

（1）选取优质合格脱毒种薯，为切薯工具消毒。

（2）发现病株应尽早拔除，避免通过蚜虫进行二次传播，并对蚜虫进行控制。

（3）尚无有效化学药剂防治PVM病毒。加强田间管理的同时，利用茎尖分生组织培育脱毒种薯是防御PVM的有效方法。

马铃薯潜隐花叶病 （Potato virus S disease）

▶▶ **概述** 马铃薯潜隐花叶病是由马铃薯S病毒（*Potato virus S*，PVS）侵染马铃薯，形成花叶病症的一类马铃薯病毒病，在世界范围内广泛存在，传染性极强，但对产量影响较小。PVS单独侵染马铃薯时不表现症状或症状不明显，与PVX或PVM复合侵染马铃薯时可引起马铃薯重花叶症状和减产。

▶▶ **症状** 感病植株的典型病症是叶脉下凹、叶片皱缩、叶尖微向下弯曲、叶色变浅、轻度垂叶，植株柔弱呈开散状。因马铃薯品种的抗病性不同，病株症状表现存在差异。具有一定抗耐病性的品种染病后，病株叶片只产生轻度斑驳花叶和轻皱缩。感病品种被侵染后，生育后期病株叶片呈青铜色，严重皱缩，明显花叶，在叶片表面上产生细绿色斑点，老叶不均匀变黄，常有绿色或青铜色斑点。抗

PVS引致的轻微花叶

病性强的品种染病后没有明显症状，只有与健株比较后才能区别病株，如个别病株较健株开花减少。

▶▶ **病原** 马铃薯潜隐花叶病的病原为PVS，为单链RNA病毒，线状，长610～700nm，直径10～15nm。株系种类有PVS^O、PVS^A、PVS^{O-CS}和PVS^{A-CL}。采用免疫学和分子生物学方法可对PVS进行鉴定，包括双抗体夹心酶联免疫吸附测定（DAS-ELISA）、RT-PCR和Real-time PCR。

▶▶ **发生规律** PVS的寄主范围较窄，仅能侵染少数的茄科、藜科植物。PVS能持续存在于马铃薯块茎中，并通过种薯调运在不同地区间进行扩散。在大田生产中，该病毒很容易通过汁液接触和蚜虫介体进行传播，包括桃蚜、禾谷缢管蚜、甜菜蚜、鼠李马铃薯蚜。

▶▶ **防治措施**
（1）使用无毒种薯可在一定程度上降低PVS的发生。
（2）尽早进行拔杂去劣，避免后期的器械传播。
（3）选择抗病品种。
（4）种薯切块时消毒工具。

马铃薯T病毒病（Potato virus T disease）

▶▶ **概述** 1972年，Salazar在调查秘鲁原种马铃薯种薯时检测到了一种能在菜豆（*Phaseolus vulgaris*）上产生系统性坏死病的病毒，并将其命名为马铃薯T病毒（*Potato virus T*，PVT）。该病毒鲜见报道，对马铃薯产量影响不大。

▶▶ **症状** 马铃薯通常不表现症状，在某些品种上会表现叶片发黄、斑驳症状。据报道，品种King Edward会有轻度叶脉坏死斑以及叶片上的失绿斑点。

▶▶ **病原** 马铃薯T病毒病的病原为*Potato virus T*（PVT）。诊断宿主包括苋色藜、藜麦、曼陀罗和迪勃纳式烟草。主要的鉴别方法为ELISA。

▶▶ **发生规律** PVT极易通过汁液传播，也可通过接触传播、块茎继代传播以及实生种子传播。通过种薯的继代积累和传播很严重。马铃薯是唯一自然寄主，目前为止尚未有昆虫介体传播的报道。

▶▶ **防治措施**
（1）加强植物检疫措施。入境、出境口岸的有关检疫部门要严格检疫马铃薯及其相关产品，防止PVT传播、扩散。

　　（2）对种薯进行脱毒处理。

马铃薯普通花叶病（Potato virus X disease）

▶▶ **概述**　　马铃薯普通花叶病是一种由马铃薯X病毒（*Potato virus X*，PVX）侵染叶片引起花叶症的病毒病，在世界范围内广泛存在。

▶▶ **症状**　　依病毒株系、马铃薯品种和环境条件三者之间的相互作用，其症状表现不同。很多PVX株系在多数马铃薯品种上都没有明显的症状。常见症状为轻型花叶，有的株系在个别品种上表现较严重的花叶，后期叶片皱缩，顶部分枝，小叶变小，块茎网状坏死。当与PVA或PVY复合侵染后会出现较严重的斑驳花叶、叶片皱缩等。感病植株生长发育正常、叶片平展，只在病株的中上部叶片表现出颜色浓淡不一的轻微花叶症或斑驳花叶症，而斑驳花叶常沿叶脉发展，有时在叶片褪绿部位上产生坏死斑点。其症状与气候条件有密切关系。与高温条件相比，当温度在16～20℃时症状比较明显。

PVX引致的花叶和皱缩症状及PVY和PVX混合侵染引致的花叶症状（国际马铃薯中心提供）

▶▶ **病原**　　马铃薯普通花叶病的病原为PVX，单链RNA病毒，无包膜，螺旋结构，长515nm，宽13nm。PVX寄主范围较广，可侵染16科240种植物，主要侵染茄科作物。其诊断寄主有白肋烟和曼陀罗。主要检测方法包括ELISA、胶体金试纸条以及分子检测手段PCR。

▶▶ **发生规律**　PVX主要靠汁液接触传播，在田间通过摩擦传播和机械传播，整个生长期内喷药、灌溉等栽培过程中感病叶片和健康叶片接触均可传毒。播种时种薯切块以及病芽接触也可传播PVX。目前没有通过实生种子传播的报道。该病毒还可通过咀嚼式昆虫或马铃薯癌肿病病原菌的游动孢子进行传播，以及通过块茎进行继代传播。环境温度在16～22℃时症状会比较明显，超过此温度范围症状不明显。

▶▶ **防治措施**

（1）使用脱毒种薯。常用脱毒方法包括热处理脱毒法、茎尖培养脱毒法、热处理结合茎尖培养脱毒法。

（2）选用抗病品种。

（3）选用含有嘌呤、嘧啶碱基类似物等物质的化学药剂。

马铃薯烟草脆裂病毒病　（Potato Tobacco rattle virus disease）

▶▶ **概述**　马铃薯烟草脆裂病毒病是一种世界范围内广泛存在的侵染马铃薯的病毒病，对马铃薯产量的影响尚无报道。该病毒病在薯块上引起的症状与马铃薯PMTV及PVY的症状类似。

▶▶ **症状**　病症依病毒株系和品种不同而异。最典型症状为分枝变多，叶片变小变形、皱缩、黄斑、花叶，在叶柄和茎秆上出现坏死条斑，植株长势弱，块茎小而少，有些品种还出现块茎坏死症。个别品种会出现扭曲环斑，块茎畸形，发育异常。个别抗性品种块茎上会出现一些褐色杂斑。子代叶片出现短条状斑纹或V形黄化斑。

TRV根据马铃薯上的症状可分为茎斑驳株系和茎分枝株系。茎斑驳株系症状也分多种，有时部分或全部叶片被侵染，并表现为斑驳、皱缩，叶片小而畸形，产生亮黄色V形、弓形或环状条纹，被称为奥古巴花叶症状。因此，该症状经常与马铃薯奥古巴花叶病和马铃薯帚顶病相混淆。有些品种的弓形纹和V形纹会发展成为坏死斑，并渐渐扩展到叶柄和茎部。在环境温度低于20℃时症状表现最严重，而在较高温度条件下症状会潜隐。

块茎上的症状因TRV株系、马铃薯品种、生长环境条件、侵染时间、薯形以及线虫侵染程度的不同而异。随着线虫的取食，弧状坏死斑和环状坏死斑可从薯皮发展到薯肉内部。早期侵染有可能会导致生长裂痕和薯块异常。侵染后的块茎症状与PMTV类似，容易混淆。带有坏死斑的薯块长出的新一代植株茎段斑驳，且子代薯块表现为更严重的坏死病症。因此，茎段斑驳症状对种薯生产以及商品薯生产均造成严重损失。

TRV引致的叶片症状（左图由国际马铃薯中心提供）

▶▶ **病原**　马铃薯烟草脆裂病毒病的病原是*Tobacco rattle virus*（TRV），RNA病毒，杆状。根据分离株不同，长宽不同，电镜下长度为180～215nm（L）或46～115nm（S），宽度为21.3～23.1nm或20.5～22.5nm，螺旋对称，螺距为2.5nm。TRV可感染50科的400多种植物。TRV在多种草本观赏植物中很常见，如落新妇、荷包牡丹、珊瑚钟、水仙、淫羊藿、唐菖蒲、风信子、万寿菊、郁金香和长春花。TRV还可危害豆类、甜菜、辣椒和菠菜等。诊断宿主包括苋色藜、藜麦、菜豆、克利夫兰烟，主要症状表现为坏死以及局部枯萎，无系统性感染。主要检测方法包括ELISA以及分子检测手段PCR。

▶▶ **发生规律**　该病毒可侵染多种单子叶和双子叶植物，包括甜菜、剑兰、风信子、莴苣、郁金香、烟草以及一些杂草等。可被多种线虫传播，有时不同的线虫可携带不同株系的TRV。因此，田间TRV的发生与田间线虫的发生量紧密相关。TRV初次侵染通过线虫啃食根部引起。该病毒虽不能通过线虫的卵和蛹传播，但可在线虫体内保持毒力多年。TRV不能通过叶片接触传播，可通过种薯继代传播。

▶▶ **防治措施**

（1）TRV寄主广泛，很多杂草均可感染，因此，应减少周围杂草的种类、数量，并尽量与大麦、苜蓿、芦苇进行轮作。

（2）尽量避免在TRV高发地区连续种植马铃薯。

（3）选用合格的无毒种薯。

（4）线虫可在土壤1m深处生存，选用非熏蒸型杀线虫剂（如灌根型杀线虫剂）对其控制效果较好。

马铃薯纺锤块茎病（Potato spindle tuber viroid disease）

▶▶ **概述**　类病毒是迄今为止已发现的能够侵染植物的最小病原物。它们不编码任何蛋白，完全依赖寄主植物的酶等因子进行复制并引起病症。马铃薯纺锤块茎类病毒是第一个被发现且研究最广的类病毒。该类病毒在很多国家和地区均有发生，且不能通过药剂防治和茎尖剥离技术进行根除，严重影响着马铃薯产量和品质。

▶▶ **症状**　病株轻者植株高度正常，重者植株矮化；茎秆直立硬化，分枝少；叶片叶柄与主茎的夹角变小，呈半闭合状且扭曲，叶片叶柄常呈锐角形态向上竖起；全株失绿，顶部叶片除变小、卷曲、耸立外，有时叶片背面呈紫红色。病株块茎由圆变长，其顶端变尖，呈纺锤状。块茎表面粗糙，出现裂纹；块茎芽眼由少变多，芽眉平浅，有时芽眼凸起；红皮或紫皮品种的病薯表皮褪色变淡；块茎表皮具有网纹的马铃薯品种，感病后网纹消失。病薯做种薯时，幼芽出土后，幼苗及地下部分发育极其缓慢。

PSTVd在马铃薯薯块上的症状

▶▶ **病原**　马铃薯纺锤块茎病病原为 *Potato spindle tuber viroid*（PSTVd），单链闭合环状RNA病原体，长356～360nt（碱基），无蛋白外壳，棒状结构。PSTVd的寄主范围很宽，多数寄主很少表现或不表现症状。该病原在马铃薯叶片绒毛上的浓度最高，且多半在病株顶部叶片和块茎中发现，通过韧皮部向各生长点扩散。常用的检测宿主为番茄（如卢特格、Moneymaker或Sheyenne），但有时症状并不足以诊断PSTVd。主要的鉴别方法为分子检测手段PCR，并对产物进行测序防止假阳性，也可使用往返双向聚丙烯酰胺凝胶电泳（Return-PAGE）进行检测。

▶▶ **发生规律** PSTVd 主要通过种薯进行传播，也可通过接触传播（主要为田间机械操作和种薯切块），昆虫传播，实生种子、花粉和胚珠传播。蚜虫传播主要通过马铃薯长管蚜（*Macrosiphum euphorbiae*），而桃蚜（*Myzus persicae*）和茄沟无网蚜（*Aulacorthum solani*）不会传播。有研究指出，实验条件下桃蚜可从受 PSTVd 和马铃薯卷叶病毒（PLRV）联合侵染的植株中获得并传播 PSTVd。其他昆虫如黑点叶蝉（*Eupteryx atropunctata*）、小绿叶蝉（*Empoasca flavescens*）、牧草盲蝽（*Lygus pratensis*）、马铃薯叶甲（*Leptinotarsa decemlineata*）等均可传播该病毒。

▶▶ **防治措施** 预防是最好的防治策略。由于PSTVd本身很难通过茎尖剥离脱除，因此，应选用检测合格的种薯，种薯切块过程中应严格消毒，可用0.25%次氯酸钠或1.0%次氯酸钙进行消毒；培育相应的抗性品种。

（第三部分编者：萨日娜　张若芳　曹亚宁　孙清华）

第四部分

植 原 体 病 害

马铃薯紫顶萎蔫病 （Potato purple-top wilt）

▶▶ **概述** 马铃薯紫顶萎蔫病是一种世界范围内的植原体病害，一旦感染可严重降低马铃薯产量。由于马铃薯并不是该病病原的传播媒介叶蝉的主要啃食对象，该病在马铃薯上的发病率通常较低。

▶▶ **症状** 病株顶部叶片变小，小叶基部向上卷，叶背和叶缘呈紫红色或橘黄色，由于近地面主茎输导组织坏死，常引起顶部叶片萎蔫。病株的主茎和分枝的叶腋处生长出短枝，短枝基部膨大，形成气生薯。病株块茎发芽后呈纤细状。

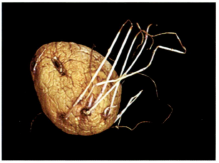

马铃薯紫顶萎蔫病病株及病薯（国际马铃薯中心提供）

▶▶ **病原** 马铃薯紫顶萎蔫病的病原为 *Potato purple-top wilt phytoplasma*，形状与大小不一，最大直径可达 1 000nm，通常存活在筛管里。该病原的主要传播媒介为叶蝉，包括 *Macrosteles fascifrons* 和 *Scleroracus flavopictus*。该

病原也可通过带病块茎传递到子代，成为田间传病的侵染源。当田间发病时植株在生育后期时，其块茎染病概率低。检测手段包括观察病症、电子显微镜观察筛管内的病原形态特征和ELISA法。

▶▶ **防治措施**

（1）选用抗病品种或无病种薯。

（2）及时拔除病株。

（3）田间观察叶蝉的发生情况，并根据具体情况控制叶蝉的繁殖、扩散。

马铃薯丛枝病 （Potato witches' broom）

▶▶ **概述**　马铃薯丛枝病是一种世界范围内的植原体病害，一旦感染可严重降低马铃薯产量。由于马铃薯并不是该病病原的传播媒介叶蝉的主要啃食对象，该病在马铃薯上的发病率通常较低。

▶▶ **症状**　叶腋发出许多圆形光滑的纤细分枝，主茎基部生长出细长的茎。感病植株块茎出苗后即开始形成纤细的茎枝，多达50余条，矮化且叶色淡绿，病株很少开花。奇数羽状复叶变态呈单叶状，即两侧小叶对数减少，顶端裂片异常扩大，叶腋处常着生气生薯。病株匍匐枝较健株长而嫩白，块茎极小或绝产。

▶▶ **病原**　马铃薯丛枝病的病原为 *Potato witches' broom phytoplasma*。该病原的主要传播媒介为叶蝉，包括 *Scleroracus* spp.。该病原也可通过带病块茎

感染马铃薯丛枝病的植株（国际马铃薯中心提供）

传递到下一代，成为田间传病的侵染源。检测手段包括电子显微镜观察筛管内的病原形态特征和病症观察。

▶▶ **防治措施**

（1）丛枝病发生跟叶蝉关系密切。可通过加强田间管理，结合使用杀虫剂控制叶蝉。

（2）热水处理薯块（50℃，10～15min）可有效控制丛枝病，但同时也存在灼伤健康部位的风险，因此，处理育种材料或保存资源时可用此方法。

（第四部分编者：萨日娜　张若芳　李文思）

第五部分

线 虫 病 害

哥伦比亚根结线虫病 (Columbia root-knot nematode disease)

▶▶ **病原** 哥伦比亚根结线虫 (*Meloidogyne chitwood*)。

▶▶ **症状** 地上部表现为植株发育迟缓、开花延迟，严重侵染（100mL土壤中约含2 000条幼虫）时田间常呈现局部斑块化。根系中度侵染时，可见充满卵的肿胀雌虫体冲破根系皮层（有侵染的迹象），而严重影响时形成略伸长、棒状的小虫瘿。块茎受侵染时首先在表皮上出现扁平的突起（肿胀），随后发展成典型的丘疹状虫瘿（包括线虫及其卵），这种虫瘿通常仅在贮藏期形成。线虫通常侵染维管束环附近的块茎组织，纵切后在表皮以下较深处显示出特有的黄色和黄褐色斑点。

哥伦比亚根结线虫危害造成的根部和薯块症状（国际马铃薯中心提供）

▶▶ **发生规律** 该线虫寄主范围广，多数双子叶和单子叶的作物与杂草均可被侵染。马铃薯、甜菜、黑麦草、雅葱以及所有谷类作物是哥伦比亚根结线虫较好的寄主。该线虫主要以卵及自由移动的幼虫在土壤中存活。以无性繁殖为主，温度5～6℃时开始繁殖，15～25℃时达到高峰，通常雌虫的一个卵囊中有卵200～1 000个。当土壤温度为20℃时，56～57d可完成一个世代，而土壤温度为10℃时则需187～189d才能完成一个世代。土壤潮湿（如灌溉）时有利于二代幼虫侵染块茎。通过未栓化的幼薯表皮和皮孔侵染块茎，并以卵或幼虫的形式在块茎组织内越冬。块茎侵染主要降低块茎质量，只有在线虫初始种群密度非常高时才造成产量下降。以种薯进行传播，其幼虫只能通过伤口离开块茎。

▶▶ **防治措施**

（1）选用早熟品种或提早收获。在土壤中线虫群体规模建立以前收获，可大幅降低线虫的危害程度。

（2）休耕。由于哥伦比亚根结线虫寄主范围广，除多数双子叶植物外，还包括谷类作物和杂草。因此，很难通过作物轮作进行控制。在较短的马铃薯生长季后进行休耕能降低土壤中线虫群体密度。

（3）药剂防治。生产上可采用熏蒸型或非熏蒸型杀线虫剂进行防治。

北方根结线虫病 （Northern root-knot nematode disease）

▶▶ **病原** 北方根结线虫（*Meloidogyne hapla*）。

▶▶ **症状** 依据线虫侵染水平和品种敏感性的差异，马铃薯地上部生长阻滞程度不同，在田间表现为局部斑块化。线虫主要寄生在侧根上，形成小虫瘿（根结），并从中发育出大量不定根（呈蜘蛛形）。雌虫产的卵囊最初在根结上可见肮脏的小白点，后变成褐色"针头"状。线虫也能侵染匍匐茎和块茎，但不形成虫瘿。只有土壤温度超过20℃的地区生产马铃薯时才侵染块茎。雌虫寄居在匍匐茎或块茎的表皮以下，卵囊部分突出，致使周围皮层组织变色，形成黄色至淡褐色的斑点。当卵囊松弛后会在匍匐茎和块茎的表面留下小坑。

▶▶ **发生规律** 北方根结线虫仅能发生在热带和亚热带较冷的高海拔地区，主要发生在质地较轻的土壤（如沙土、贫瘠沙质泥炭土和轻沙壤土）

中，寄主范围广，几乎所有的双子叶作物和杂草都是北方根结线虫的寄主，以马铃薯和豌豆、蚕豆、苜蓿、红三叶、白三叶、雅葱等作物为其较好的寄主。该线虫以卵囊或自由活动的幼虫越冬。土壤温度超过8℃时开始活跃，25℃时繁殖最快。土壤温度18℃时，大约8周完成一个世代，而当土壤温度低于17℃时，孵化延迟。主要进行无性繁殖，雌虫在卵囊中可产生100～2 000个卵。

▶▶ **防治措施**

（1）科学轮作或休耕。选择单子叶非寄主作物或较差的寄主作物（如甜菜、菠菜、洋葱、亚麻等）作为前茬作物进行轮作，并结合有效的杂草控制措施，可有效将土壤侵染限制在有害水平以下。

（2）适当延迟播种。春季土壤温度超过8℃时线虫群体减少明显，故适当推迟播种或种植可限制线虫对马铃薯敏感品种的损害。

（3）药剂防治。夏末和秋季马铃薯收获后可使用熏蒸剂，而在春季马铃薯播种前不久或播种时可施用非挥发性杀线虫剂。

假根结线虫病（False root-knot nematode disease）或珍珠线虫病（Rosary nematode disease）

▶▶ **病原** 假根结线虫（珍珠线虫）（*Nacobbus aberrans*）。

▶▶ **症状** 自根部形成第一个圆形的单个小虫瘿后，沿着根系形成一条像串珠项链的虫瘿，故称珍珠线虫。通常块茎形成开始后，虫瘿的数量逐渐增加，且小虫瘿与大虫瘿一同生长。只有在线虫侵染严重且植株生长条件差时，地上部才会表现为植株生长发育迟缓、早衰和死亡。二龄幼虫和虫体仍细长的雌虫幼虫从接近皮孔处攻击块茎，穿透块茎0.5～1mm深，但没有任何明显的症状。

▶▶ **发生规律** 该线虫寄主范围广，已知67种单子叶和双子叶作物和杂草均可侵染。以卵、幼虫以及性未成熟的细长雌虫在土壤和根系残留物中长时间低温（-13℃）存活，通过带病块茎进行远距离传播。二龄幼虫穿透根冠后面的根，它的头部达根部维管组织，后端靠近根部表面，生命周期几乎完全在根部内发育，直至最后一次蜕皮后，成虫和虫体仍细长的雌虫幼虫才离开根系。马铃薯产量损失程度与环境因素（降雨和霜冻）及农业管理（杂草控制和施肥）密切相关，在美国南部的高海拔马铃薯种植区（海拔2 000 ~ 4 200m），该线虫重度侵染的地块，产量损失达55% ~ 90%，而中度侵染的地块则达44%。

▶▶ **防治措施**

（1）种植非寄主作物（燕麦）和施用鸡粪对形成的虫瘿没有效果，但能提高块茎产量。

（2）药剂防治。液态土壤杀线虫剂（熏蒸剂）和常规杀线虫剂是目前控制该线虫的最有效方法。

马铃薯胞囊线虫病（Potato cyst nematodes disease）

▶▶ **病原** 马铃薯金胞囊线虫[*Globodera rostochiensis* (Wollenweber) Behrens (syn. *Heterodera rostochiensis*)]和马铃薯白胞囊线虫[*Globodera pallida* (Stone) Behrens (syn. *Heterodera pallida*)]。

▶▶ **症状** 马铃薯植株受害时，地上部发育迟缓、萎蔫、泛黄甚至死亡，开花推迟，田间整体上呈现边界清晰、大小不等的斑块。根系受害后侧根像浓密的胡子，严重时根系数量大大减少。根部、匍匐茎甚至块茎表面附着有典型的胞囊（200 ~ 500μm）。根据气候条件的差异，通常于6月底或更早，在根系上可见白色针头状的肿胀雌虫幼虫。随后，*G. rostochiensis* 由白色转为金黄色（故名金线虫），再到赭红色、褐色。*G.pallida* 没有金黄色这一过渡阶段，由白色直接转为脏白色、深棕色。通常6月底时在根系上除发现白色的雌虫幼虫外，仅发现棕色线虫（成熟雌虫），表明植株明显受 *G. pallida* 侵染；若还看到许多金色雌虫，表明植株受 *G. rostochiensis* 侵染或者两种线虫混合侵染。线虫群体密度高时不仅引起块茎减小，还造成产量损失达50%以上。块茎受侵染后在其表面形成点蚀，影响块茎品质。

▶▶ **发生规律** 马铃薯是马铃薯胞囊线虫的唯一寄主，胞囊线虫高度专一寄生在其根系上。主要通过种薯进行传播，带病土壤、农耕等方式也可传播。一头雌虫可与多头雄虫交配，受精后雌虫快速增至直径0.5 ~ 0.8mm大小，产卵100 ~ 500个，随后很快死亡，卵留在死亡雌虫的褐色角质层内，这种体内包含卵的死亡雌虫称为胞囊。从6月中旬开始，根部就可见白色胞囊。马铃薯收获后，成熟的胞囊（内含卵和性未成熟的线虫幼虫）从根部分离后仍留在土壤中，可存活13年以上，甚至在洪水、极其干旱和极度低温（-30℃）的条件下仍能存活。胞囊线虫喜凉爽气候，其幼虫在10℃时开始活跃，16℃时侵染能力最强；土壤温度高于26℃时生存与繁殖受到抑制。从卵到成虫一般需38～48d，每个马铃薯生长季仅繁殖一代。根据土壤质地的不同，胞囊线虫的繁殖系数不同，通常在沙土和沙质泥炭土中为10～30，而在沙质黏土和黏土中为15～70。

▶▶ **防治措施**

（1）严格实行检验检疫制度，禁止带病种薯调运。

（2）合理轮作。在田间没有马铃薯病薯残留的情况下，线虫通过自然死亡和土壤中的天敌降低群体密度，平均需要轮作8年才能降低到最后一季种植马铃薯时的线虫群体密度水平。

（3）收获后及时清理残留病薯。残留病薯会成为线虫新的侵染源，消除作物轮作的效果，甚至会增加线虫群体密度。

（4）严格执行卫生措施。及时清理种薯、机械与设备以及其他植物材料上的土壤，尽量避免风从邻近田块带进土壤。

（5）种植对胞囊线虫具有抗性或耐受性的品种。马铃薯品种Stabilo、Florijn、Kartel和Montana对胞囊线虫的致病型Ro-1～Ro-4、Pa-2～Pa-3具有抗性且耐受性值均在8以上。

（6）化学防治。于夏末和秋季施用杀线虫剂进行土壤消毒。也可在播种时或播种前施用非挥发性杀线虫剂杀死在土壤中活动的幼虫。

马铃薯腐烂茎线虫病（Potato tuber nematode/Potato rot nematode disease）

▶▶ **病原**　马铃薯腐烂茎线虫[*Ditylenchus destructor* (Thorne)]。

▶▶ **症状**　主要通过皮孔和芽眼危害块茎，通常地上部没有明显症状。块茎侵染初期，呈现出像晚疫病的块茎表面腐烂，随后表皮呈纸状，通常表现为星形裂纹。受害块茎组织最初表现为在周皮下形成包含大量活跃线虫的白色斑点，随后受害组织干燥、呈颗粒状，进而转变为深褐色至黑色的干腐或湿腐。在没有足够冷却的贮藏窖内发生严重，甚至烂窖。

马铃薯腐烂茎线虫病病薯外部及内部症状

▶▶ **发生规律** 该线虫寄主范围广，除马铃薯外，还能侵染多种双子叶植物和单子叶植物，多在气候较冷的温带地区（如欧洲、北美洲、小亚细亚和南非等）发生。线虫以卵、幼虫或成虫在薯块、腐烂植株残体、杂草以及部分土传真菌上生存。除在卵中蜕皮的一龄幼虫，线虫所有生长阶段均可侵染块茎，通常通过表皮、芽眼、皮孔及其伤口进行侵染。茎线虫在土壤温度为3℃时就可侵染，5℃时开始繁殖，无休眠期，可终年繁殖。繁殖的最佳土壤温度为15～20℃，20～26d即可完成生活史，雌虫产卵200～250个，而6～10℃时约需68d才能完成生活史。在质地较轻的沙土和沙质泥炭土上发病严重，且土壤越潮湿，越有利于其发病。茎线虫对贮藏期马铃薯危害严重。

▶▶ **防治措施**

（1）严格实行检验检疫制度，不从病区调运种薯。

（2）控制杂草。及时清除田间杂草，如车前子、蒲公英、马齿苋等，以减少病原寄主。

（3）改善贮藏环境。降低贮藏环境的湿度和温度，有利于减少该病的发生。

（4）化学防治。施用熏蒸剂和土壤杀线虫剂可大大减少线虫的种群数量。

短粗根线虫病（Stubby-root nematode disease）

▶▶ **病原**　厚皮拟毛刺线虫（*Paratrichodorus pachydermus*）、具毒毛刺线虫（*P. viruliferus*）、光滑拟毛刺线虫（*P. teres*）、相似毛刺线虫（*Trichodorus similis*）和原始毛刺线虫（*T. primitivus*）。

▶▶ **症状**　线虫利用口针优先穿透根冠后面的根尖细胞进行取食，致使根尖转为浅褐色，根系停止伸长，短时间内继续加厚形成额外的侧根呈丛生状。也可危害马铃薯的茎，严重侵染时，根系持续变褐，白色茎部表面出现褐色条纹。茎部变褐经常伴随着从底土中发出的芽及茎部的局部弯曲。芽受害后通常脆弱且发育不良，非常严重时出苗晚且只出现几条主茎或完全不出苗。在田间，受害植株常呈现不规则形状的斑块。除直接危害马铃薯外，病原线虫还能传播烟草脆裂病毒（TRV），造成马铃薯茎部、叶片出现杂斑，块茎受害后薯肉内出现半圆形或圆形的褐色坏死斑，有时也可在块茎表皮上见坏死斑，敏感品种的块茎甚至会出现畸形和内部坏死。

▶▶ **发生规律**　毛刺科线虫的一生都待在土壤中，以植物作为唯一的营养来源，几乎可取食所有的作物和杂草。没有寄主时主要以卵度过。在土壤温度为15～20℃时，7～8周完成一个生命循环，从卵发育到成虫经过4次蜕皮，且在蜕皮的过程中，线虫会丧失其在取食植株时感染的TRV的传播能力。多数毛刺科线虫品种是两性生殖，雌虫平均产卵40个，每个生长季可发育3～5代。毛刺科线虫在几乎没有黏粒、有机质含量低、含水量充足的土壤中移动性增加，破坏程度与侵染水平提高。

▶▶ **防治措施**

（1）增加有机质含量，改善土壤结构，可破坏根系分泌物对线虫的引诱作用，致使其难以寻找根系觅食。适时进行集约化土壤耕作，线虫被压碎在土壤颗粒之间，降低线虫的种群密度。

（2）严格控制杂草。及时清除田间杂草，防止线虫携带TRV进行传播。

（3）化学防治。挥发性熏蒸杀线虫剂可很好地控制该线虫，非挥发性杀线虫剂可有效减少线虫数量和TRV病毒的传播。

（第五部分编者：冯志文　齐建建　杨志辉）

桃蚜（Peach aphid）

桃蚜（*Myzus persicae* Sulzer），半翅目蚜科，又称为腻虫、烟蚜、桃赤蚜、菜蚜、油汉。世界性害虫，我国各地均有分布。桃蚜是广食性害虫，寄主植物约有74科285种，主要包括茄科、十字花科、菊科、豆科等植物。桃蚜营转主寄生生活，其中冬寄主（原生寄主）主要有梨、桃、李、梅、樱桃等蔷薇科果树等；夏寄主（次生寄主）主要有白菜、甘蓝、萝卜、芥菜、芜菁、甜椒、辣椒、菠菜等多种作物。

▶▶ **危害特性**　以成虫和若虫群集在幼苗、嫩叶、新梢、嫩茎、花梗、幼荚和近地面的叶上，从叶片背面吸食液汁。大量蚜虫聚集在叶片上，造成叶面卷缩变形，叶色发黄，植株萎蔫，甚至整株枯死。危害留种植株的嫩茎、花梗和嫩荚，使花梗扭曲畸形，不能正常抽薹、开花、结实。桃蚜分泌物还会污染叶片表面，影响植物光合作用，造成减产，影响马铃薯品质。同时，桃蚜也可作为多种病毒病的主要传播媒介，主要传播PVY、PLRV、PVA、PVS等，间接造成马铃薯减产。

▶▶ **形态特征**

（1）无翅孤雌蚜。体长2mm，近卵圆形，无蜡粉，体色多变，有绿色、黄色、樱红色、红褐色等，低温下颜色偏深，触角第3节无感觉圈，额瘤和腹管特征同有翅蚜。

（2）有翅孤雌蚜。体长1.8～2.2mm，无蜡粉，头部额显著，触角近体长，第3节有感觉圈9～17个，排成1列，头胸部黑色，腹部淡暗绿色，背面有淡黑色斑纹，腹管长，为尾片的2.3倍，中部稍膨大，末端缢缩明显。

（3）有翅雄蚜。体长1.3～1.9mm，体色深绿色、灰黄色、暗红色或红褐色，头胸部黑色。

（4）若蚜。共4龄，体型、体色与无翅成蚜相似，个体较小，尾片不明显，有翅若蚜3龄起翅芽明显，且体型较无翅若蚜略显瘦长。

（5）卵：椭圆形，长0.5～0.7mm，初为橙黄色，后变成漆黑色而有光泽。

桃蚜危害症状

▶▶ **发生规律及生活习性**　桃蚜全周期型和不全周期型混合发生，桃蚜进行有性生殖时，以卵在桃、李、杏等冬寄主的枝梢、芽腋、小枝及枝条缝隙等处越冬，翌年春天孵化成若虫危害嫩芽，至初夏产生有翅蚜，迁飞到烟草、马铃薯及十字花科蔬菜上危害，冬季桃蚜又迁飞到冬寄主上。气候温和时，桃蚜进行不全周期型发育，在蔬菜和作物上进行孤雌生殖。桃蚜世代重叠现象极为严重，北方一年发生20～30代，南方30～40代。

桃蚜对黄色有强烈的趋性，而对银灰色有负趋性，繁殖力强，最适发育温度为21℃，高于28℃或低于6℃对桃蚜发育和繁殖不利。

▶▶ 防治措施

（1）农业防治。加强田间管理，清洁田园，铲除杂草，以减少蚜源和毒源以及蚜虫中间寄主和栖息场所。

（2）物理防治。利用黄板诱蚜，银灰色膜避蚜，可减少有翅蚜迁入传毒。

（3）生物防治。可人工饲养和释放瓢虫、草蛉等蚜虫天敌。

（4）化学防治。当有蚜株率达5%时施药防治。药剂可选用50%抗蚜威可湿性粉剂2 000～3 000倍液、10%吡虫啉或20%甲氰菊酯乳油喷雾，间隔7～10d，共喷2～3次。其他常用药剂有20%二嗪磷乳油、25%喹硫磷乳油1 000倍液喷雾。越冬期，在越冬寄主上喷洒5%矿物油乳剂防治越冬卵。喷药的次数和施用的农药种类，应考虑虫量和保护天敌，要掌握早期检查及尽早防治的原则。

萝卜蚜（Mustard aphid）

萝卜蚜（*Lipaphis erysimi* Kaltenbach），半翅目蚜科，又名菜蚜、菜缢管蚜。分布遍及全国各地，常与桃蚜混合发生，主要危害乌塌菜、菜薹、白菜、萝卜、芥菜、甘蓝、花椰菜、芜菁等十字花科蔬菜，偏嗜白菜及芥菜。

▶▶ 危害特性

与桃蚜一样，以成虫和若虫群集叶片背面吸取汁液，造成危害部位卷缩变形，同时还可传播病毒病，但萝卜蚜传播病毒的能力没有桃蚜强。

▶▶ 形态特征

（1）有翅胎生蚜。长卵形。长1.6～2.1mm，宽1.0mm。头、胸部黑色，腹部黄绿色至绿色，腹部第1、2节背面及腹管后有2条淡黑色横带（前者有时不明显），腹管前各节两侧有黑斑，体上常被稀少的白色蜡粉。额瘤不显著。翅透明，翅脉黑褐色。腹管暗绿色、较短，中后部膨大，顶端收缩，约与触角第5节等长，为尾片的1.7倍。尾片圆锥形，灰黑色，两侧各有长毛4～6根。

（2）无翅胎生蚜。卵圆形。长1.8mm，宽1.3mm。黄绿色至黑绿色，被薄粉。额瘤不明显。触角较体短，约为体长的2/3，第3、4节无感觉圈，第5、6节各有1个感觉圈。胸部各节中央有1条黑色横纹，并散生小黑点。腹管和尾片与有翅蚜相似。

▶▶ **发生规律及生活习性** 萝卜蚜于秋季9—11月危害最为严重。萝卜蚜的适温范围较桃蚜稍广，在气温15～26℃，相对湿度70%以下时最有利于发生，较低温度下发育也较快。

每年发生10～20代，华南地区可达46代左右。在南方以无翅胎生雌蚜和卵在大田蔬菜上越冬，在北方以无翅成蚜和卵在窖贮白菜或温室内越冬，翌年3—4月产生有翅蚜，向田间迁移。全年以秋季危害白菜、萝卜最严重。

▶▶ **防治措施**

（1）农业防治。马铃薯种植地块尽量远离蔬菜地、菜窖和温室，尤其是十字花科植物种植区。

（2）物理防治。利用银灰色膜避蚜，可减少萝卜蚜迁入传毒。

（3）生物防治。保护天敌，如瓢虫、食蚜蝇、蚜茧蜂等，抑制蚜虫发生。选用生物农药如鱼藤酮、印楝素可湿性粉剂喷雾防控。

（4）化学防治。在田间蚜虫点片发生阶段要重视早期用药防治，连续用药2～3次，用药间隔期为10～15d。可用22%氟啶虫胺腈悬浮剂、22%噻虫嗪·高氯微囊悬浮剂及10%吡虫啉可湿性粉剂在发生期喷雾防控。

甘蓝蚜（Cabbage aphid）

甘蓝蚜（*Brevicoryne brassicae* Linnaeus），半翅目蚜科。主要分布在北方地区的新疆、甘肃、内蒙古、宁夏、河北、辽宁、黑龙江、吉林等省份。主要危害紫甘蓝、青花菜、花椰菜、白菜、萝卜、芜菁等十字花科蔬菜。

▶▶ **危害特性** 聚集在嫩叶背面及花蕾上吸取汁液，造成马铃薯叶片变形、失水、皱缩，使顶部幼芽和分枝生长受到限制。

▶▶ **形态特征**

（1）有翅胎生雌蚜。体长约2.2mm，头、胸部黑色，复眼赤褐色，腹部黄绿色，有数条不很明显的暗绿色横带，两侧各有5个黑点，全身覆有明显的白色蜡粉，无额瘤，触角第3节有37～49个不规则排列的感觉孔，腹管很短，远比触角第5节短，中部稍膨大。

（2）无翅胎生雌蚜。体长2.5mm左右，全体暗绿色，被有较厚的白蜡粉，复眼黑色，触角无感觉孔，无额瘤，腹管短于尾片，尾片近似等边三角形，两侧各有2～3根长毛。

▶▶ **发生规律及生活习性**　一年发生8～10代，世代重叠。以卵越冬，主要在晚甘蓝上，其次是球茎甘蓝、冬萝卜和冬白菜上。在温暖地区也可终年营孤雌生殖。越冬卵一般在翌年4月开始孵化，先在留种株上繁殖造成危害，5月中、下旬迁移到春菜上，再扩大到夏菜和秋菜上，10月即开始产生性蚜，交尾产卵于留种或贮藏的菜株上越冬，少数成蚜和若蚜亦可在菜窖中越冬。甘蓝蚜的发育起点温度为4.5℃，从出生至羽化为成蚜所需有效积温无翅蚜为134.5℃，有翅蚜为148.6℃，其生殖力在15～20℃下最高，一般每头无翅成蚜平均产仔40～60头。

▶▶ **防治措施**

（1）农业防治。避免马铃薯与十字花科蔬菜轮作、间作和套作。

（2）物理防治。在甘蓝上集中发生时可人工扑杀。

（3）生物防治。保护利用蚜虫天敌。

（4）化学防治。参照萝卜蚜化学防治方法。

马铃薯瓢虫 （Potato beetle）

马铃薯瓢虫（*Henosepilachna vigintioctomaculata* Motschulsky）属鞘翅目瓢甲科，又称为马铃薯二十八星瓢虫、酸浆瓢虫，俗称花牛、毛虫、花大姐等。主要分布于长江以北地区，黄河以北尤多。寄主有茄科、豆科、葫芦科、菊科、十字花科、藜科和禾本科等科20多种作物和杂草，主要危害茄科枸杞、龙葵、茄子、番茄、马铃薯等，尤以马铃薯受害最为严重。

▶▶ **危害特性**　成虫、若虫取食叶片、果实和嫩茎，受害叶片仅留叶脉及上表皮，形成许多不规则半透明弧状凹陷细纹，呈"天窗"状，后变为褐色斑痕，或将叶片吃成穿孔，仅留叶脉，危害严重时导致叶片枯萎死亡。

▶▶ **形态特征**

（1）成虫。体长7～8mm，半球形，赤褐色，体背密生短毛，并有白色反光。前胸背板前缘凹陷，前缘角突出，中央有1个较大的剑状斑纹，两侧各有2个黑色小斑，有时合成1个。两鞘翅各有14个大小不等的黑色斑，鞘翅基部3个黑斑后面的4个斑不在一条直线上，两鞘翅合缝处有1～2对黑斑相连。

（2）卵。弹头形，长约1.4mm，初产时鲜黄色，后变黄褐色，有纵纹，卵粒排列较松散。

（3）幼虫。体长约9mm，淡黄褐色，纺锤形，背面隆起，体背各节有黑色枝刺，枝刺基部有淡黑色环状纹。

（4）蛹。长约6mm，椭圆形，淡黄色，背面有稀疏细毛及黑色斑纹，尾端包被着末龄幼虫的蜕皮。

马铃薯瓢虫和茄二十八星瓢虫形态相似，其中马铃薯瓢虫是我国北方马铃薯主要害虫，茄二十八星瓢虫是在我国南方危害马铃薯和其他茄科植物的害虫。两种瓢虫成虫鞘翅上都有28个斑。但可从以下几个方面加以区别：①马铃薯瓢虫两鞘翅上基部的3个黑斑后方的4个斑不在一直线上，茄

马铃薯瓢虫幼虫和成虫

马铃薯瓢虫危害症状

二十八星瓢虫鞘翅基部3个黑斑后方的4个黑斑几乎在一条直线上。②鞘翅上的凹陷内毛的着生位置不同，马铃薯瓢虫的毛着生于凹陷的中心，而茄二十八星瓢虫的毛着生于凹陷边缘；凹陷深浅不同，马铃薯瓢虫的凹陷较深，茄二十八星瓢虫的凹陷较浅。

马铃薯瓢虫（左）与茄二十八星瓢虫（右）

▶▶ **发生规律及生活习性**　马铃薯瓢虫在不同地区发生世代不同，一般一年发生1～3代。成虫群集在向阳背风的树洞、石缝、草丛或土中越冬。翌年气温回升到16～17℃时成虫飞出活动。出蛰时，先在附近杂草上栖息，随后迁至番茄等茄科植物上取食，待马铃薯出苗后迁入田间进行危害。成虫有多次交配、多次产卵的习性，在马铃薯植株背面产卵，每次产卵10～20粒，产卵期1～2个月，孵化的幼虫1周后可变成成虫。马铃薯收获后，一代成虫先转移至附近茄科植物上取食，随后迁移至越冬场所旁，等气温剧降时，钻入土里等处，不食不动群集越冬。

　　马铃薯瓢虫对马铃薯有较强的依赖性，幼虫和成虫不取食马铃薯，便不能正常发育和繁殖。马铃薯瓢虫喜温暖条件，成虫产卵最适宜温度为22～28℃，若温度在30℃以上即使产卵也不能孵化，在16℃以下或35℃以上则不能正常产卵。

▶▶ **防治措施**　马铃薯瓢虫是一种与温度、湿度及栽培方式等关系密切的重要区域性害虫，因播期、栽培方法及地形地势不同，发生时间和程度差异很大。因此，在防治时要着重于早播田、高秆作物套种田、水地和下湿地等，可防止扩散蔓延，达到经济有效地控制其危害的目的。

　　（1）农业防治。利用其群集习性，清除越冬场所，消灭越冬成虫；人工捕捉成虫，摘除卵块；适当推迟播种，免遭群集危害。

（2）生物防治。在幼虫盛发期，释放人工培养的瓢虫双脊姬小蜂、侧孢霉菌等。

（3）化学防治。二龄幼虫未分散时进行药剂防治，可有效消灭虫体数；成虫盛发期进行喷药防治，可起到杀一灭百的作用。因幼虫多分布于叶背，施药时注意将药剂喷向叶背。可选用50%辛硫磷乳油1 000倍液、2.5%高效氯氟氰菊酯乳油、20%氰戊菊酯乳油2 000 ~ 5 000倍液。

马铃薯甲虫 （Colorado potato beetle）

马铃薯甲虫（*Leptinotarsa decemlineata* Say）属鞘翅目叶甲科，又称为马铃薯叶甲、科罗拉多马铃薯甲虫，是国际上公认的毁灭性检疫害虫，也是我国进境植物检疫性有害生物。马铃薯甲虫起源于北墨西哥的落基山脉东部，在我国目前仅分布于新疆局部地区。主要危害马铃薯、茄子等茄科作物，也可取食烟草及颠茄属、曼陀罗属、菲沃斯属的多种植株。

▶▶ **危害特性**　幼虫和成虫取食马铃薯嫩尖、叶片和果实，同时还可作为媒介昆虫传播马铃薯环腐病和褐斑病。

▶▶ **形态特征**

（1）成虫。体长9 ~ 11.5mm，宽6.1 ~ 7.6mm，短卵圆形。淡黄色至红褐色，具多数黑色条纹和斑。前胸背板隆起，基缘呈弧形，后侧角稍钝，前侧角突出；顶部中央有1个U形斑纹或2条黑色纵纹，每侧又有5个黑斑，有时侧方的黑斑相互连接；中区的刻点细小，近侧缘的刻点粗而密。鞘翅显著隆起，每一鞘翅有5个黑色纵条纹，全部由翅基部延伸到翅端，翅合缝黑色。

（2）卵。长卵圆形，长1.5 ~ 1.8mm，宽0.7 ~ 0.8mm，淡黄色至深枯黄色。

（3）幼虫。一至二龄幼虫暗褐色，三龄开始逐渐变鲜黄色、粉红色或橘黄色。头黑色发亮，背面显著隆起，头为下口式。

（4）蛹。为离蛹，椭圆形，体长9 ~ 12mm，宽6 ~ 8mm，橘黄色或淡红色，体侧各有1排黑色小斑点。

▶▶ **发生规律及生活习性**　马铃薯甲虫一年发生2代，部分地区可完成3代。该虫以成虫在马铃薯、茄子等主要寄主田的土层10 ~ 40cm处越冬。越冬成虫是由多代构成的群体，以第二代成虫为主。随着土温回升，4月下旬，越冬成虫开始出土，寻找食物，经过1～2周成虫开始交尾产卵。卵孵化出的第1代幼虫发生始期为5月中旬，至6月上旬开始化蛹，6月中旬开始羽化，6月下旬开始产卵。随后开始孵化第2代幼虫。至8月中旬开始入土越冬，休眠期达6～8个月。根据当地环境和温度，马铃薯甲虫从卵到成虫需要21～56d，每个雌虫可产生300～500个卵。

马铃薯甲虫及危害症状（冯怀章提供）

▶▶ 防治措施

（1）严格执行检疫，严禁从疫区调运种薯。

（2）农业防治。与谷类作物如小麦轮作，并提倡早播早熟品种，可减少给甲虫提供食料；采收后及时进行翻耕、灭茬，尽量消除田间覆盖物，增加甲虫越冬死亡率；人工捕虫。

（3）生物防治。乌鸦、火鸡、红胸松雀均大量捕食甲虫。

（4）化学防治。在虫口发生基数较大时，可选用70%吡虫啉水分散粒剂2mL/hm²、20%啶虫脒可溶性液剂10g/hm²、40%氯虫苯甲酰胺·噻虫嗪水分散粒剂10g/hm²、22%噻虫嗪·高氯氟微囊悬浮-悬浮剂10mL/hm²、300亿活芽孢/g马铃薯甲虫白僵菌可湿性粉剂100～150g/hm²、乙基多杀菌素悬浮剂50g/hm²、2%高效氯氰菊酯乳油800倍液、7.5%鱼藤酮乳油1 000倍液、3%苯氧威乳油500倍液、10%呋喃虫酰肼悬浮剂500倍液、32 000IU/mg苏云金杆菌可湿性粉剂75g/hm²等。

双斑萤叶甲

双斑萤叶甲（*Monolepta hieroglyphica* Motschulsky）属鞘翅目叶甲科，又称为双斑长跗萤叶甲、四目叶甲。寄主广泛，可危害豆类、马铃薯、苜蓿、玉米、茼蒿、胡萝卜、十字花科蔬菜、向日葵、杏树、苹果等作物。

▶▶ **危害特性**　成虫取食马铃薯叶片和花穗，将其食成缺刻或孔洞。

▶▶ **形态特征**

（1）成虫。长卵形，棕黄色，具光泽，体长3.6～4.8mm，宽2～2.5mm。复眼卵圆形。触角丝状，端部黑色，11节，长为体长的2/3。前胸背板隆起，宽大于长，密布许多细小刻点；小盾片黑色，三角形。鞘翅有线状细刻点，每个鞘翅基半部有1个近圆形浅斑，四周黑色，浅色斑后外侧多不完全封闭，其后面黑色带纹向后突伸成角状，有些个体黑带纹不明显或消失，两翅后端合为圆形。后足胫节端部有1长刺，腹管外露。

（2）卵。椭圆形，长0.6mm，初棕黄色，表面具网状纹。

（3）幼虫。体长5～6mm，白色至黄白色，体表具瘤和刚毛，前胸背板颜色较深。

（4）蛹。长2.8～3.5mm，宽2mm，白色，表面具刚毛。

双斑萤叶甲成虫及危害症状

▶▶ **发生规律及生活习性** 双斑萤叶甲一般一年发生1代。以卵在土中越冬，卵期很长。翌年初夏开始孵化，幼虫共3龄，幼虫期30d左右，在3～8cm土中活动或取食作物根部及杂草。随后开始出现成虫，成虫期约3个月。成虫有群集性和弱趋光性，在一株作物自上而下地取食，日光强烈时常隐蔽在下部叶背或花穗中。成虫具弱飞翔力，一般可飞2～5m，气温高于15℃时成虫活跃。成虫羽化后经20d开始交尾，将卵产于表土下或杏、苹果等植物叶片上。入秋后陆续以卵和成虫在土缝、杂草根部等处越冬。冬季温暖、春季湿润、夏季干旱的气候，极有利于该虫越冬、孵化及成虫危害。

▶▶ **防治措施** 由于双斑萤叶甲具有一定迁飞能力，因此在相邻田块应当采取同时治理策略。

（1）农业防治。秋季或早春深耕土地，将表土中的卵翻至深层，消灭虫源；同时清除田间杂草等中间寄生植物；破坏越冬场所，减少越冬虫口基数。

（2）预测预报。加强田间调查与监测，准确预报发生期及危害盛期，以便在危害前期进行统防统治。

（3）物理防治。在气温较高，双斑萤叶甲活动力强时，利用其群集的习性人工捕捉，减轻危害。

（4）化学防治。当百株虫口达30头以上时，对所发生田块及相邻田块进行统一防治。选择在此虫活动较弱的时间如9时前、17时后进行防治，且药液必须喷在作物叶片的正、反两面，同时对周围杂草也应进行喷药。可选用2.5%三氟氯氰菊酯2 000倍液等，双斑萤叶甲危害盛期也可用50%辛硫磷乳油以1∶40（药与水）的比例涂抹花丝，效果更佳。

豆芫菁 （Bean blister beetle）

豆芫菁属鞘翅目芫菁科，俗称斑蝥，种类较多。常见的豆芫菁种类有白条豆芫菁（*Epicauta gorhami* Marseud）、存疑豆芫菁（*E. dubid* Fabricius）、花生豆芫菁（*E. waterhousei* Haag-Rutenberg）、暗头豆芫菁（*E. obscurocephala* Reitte）、中华豆芫菁（*E. chinensis* laporte）。豆芫菁在我国广泛分布，主要危害苜蓿、三叶草、沙打旺、草木樨、柠条锦鸡儿、豌豆、甜菜等。

▶▶ **危害特性**　成虫常成群啃食寄主植物叶片，尤喜食幼嫩部位。将叶片咬成孔洞或缺刻，甚至吃光，只剩网状叶脉。侵害通常集中在田块的某一部分，危害严重时被成虫吃过的植株只剩下叶片中脉。开花期受害最重，猖獗时可吃光全株叶片，导致植株不能开花，严重影响产量。

▶▶ **形态特征**

（1）成虫。雄成虫体长11.7 ～ 14.9mm，雌成虫体长14.5 ～ 19mm。头部略呈三角形，除触角基部的1对瘤状突起、复眼及近复眼内侧处黑色外，其余均为红色。胸、腹部皆黑色。前胸背板中央有1条稍凹下的中沟，沿中沟两侧后缘镶有灰白色毛，小盾片上也有灰白色毛。鞘翅黑色，周缘镶以灰白色边，翅中央也有1条由灰白色毛组成的纵纹。中、后胸腹面及腹部各节后缘都镶以灰白色的边。雌虫腹部腹面全部被灰白色毛，雄虫后胸腹面中央呈1个长圆形凹陷，各腹节腹面中央凹入。

（2）卵。长椭圆形，长2.5 ～ 3mm，宽0.9 ～ 1.2mm，初产乳白色，后变黄褐色，表面光滑，70 ～ 150粒卵组成菊花状卵块。

豆芫菁成虫及危害症状

（3）幼虫。复变态，各龄幼虫形态都不相同，共6个龄期。

（4）蛹。体长约16mm，全体灰黄色，复眼黑色。

▶▶ **发生规律及生活习性**　一年1代。以五龄幼虫（假蛹）在土壤中越冬。翌年春季蜕皮成六龄幼虫，然后化蛹。初夏开始羽化，成虫危害时间可延续到8—9月。豆芫菁中午时最活跃，具有群集取食习性和迁飞性。马铃薯单株一般发生3～4头，多者10～15头。成虫受惊后有坠落习性，并分泌斑蝥素，可刺激人的皮肤，造成红肿发痒。

▶▶ **防治措施**

（1）人工捕捉。利用其群集性，在数量多的地块网捕，消灭成虫，但要防止斑蝥素危害。

（2）化学防治。在不同区域设立测报点，当每100m^{2}成虫量达10头时要严密监控，达到50头或马铃薯田内可见到飞的成虫时，应立即防治。可喷雾的药剂有辛硫磷、溴氰菊酯、高效氯氰菊酯、三氟氯氰菊酯等。

马铃薯块茎蛾（Potato tuber moth）

马铃薯块茎蛾[*Phthorimaea operculella* Zeller（syn. *Gnorimoschema operculella* Zeller）]也称为马铃薯麦蛾、番茄潜叶蛾、烟潜叶蛾。马铃薯块茎蛾原产于美洲，喜欢生长在温暖环境中。目前在我国主要分于山西、甘肃、广东、广西、四川、云南、贵州等马铃薯和烟草产区。马铃薯块茎蛾是重要的检疫性害虫，容易通过疫区的薯块传播，主要危害茄科植物，其中以马铃薯、烟草、茄子等受害最重，其次是辣椒、番茄。

▶▶ **危害特性**　幼虫潜入叶内，沿叶脉蛀食叶肉，残留上、下表皮，呈半透明状，严重时嫩茎、叶芽也受害枯死，幼苗可全株死亡。田间或贮藏期可钻蛀马铃薯块茎，呈蜂窝状甚至全部蛀空，外表皱缩，并引起腐烂。

▶▶ **形态特征**

（1）成虫。体长5～6mm，翅展13～15mm，灰褐色。前翅狭长，中央有4～5个褐斑，缘毛较长；后翅烟灰色，缘毛甚长。

（2）卵。长约0.5mm，椭圆形，黄白色至黑褐色，带紫色光泽。

（3）幼虫。体长11～15mm，灰白色，老熟时背面呈粉红色或棕黄色。

（4）蛹。长5～7mm，初期淡绿色，末期黑褐色。第10腹节腹面中央凹入，背面中央有1个角刺，末端向上弯曲。

（5）茧。灰白色，外面黏附泥土或黄色排泄物。

马铃薯块茎蛾幼虫危害症状（陈恩发提供）

▶▶ **发生规律及生活习性**　马铃薯块茎蛾一年发生数代，以各种虫态在田间母薯及各种寄主残株落叶上越冬。成虫昼伏夜出，有趋光性。雌蛾在薯块芽眼、破皮、裂缝及粘有泥土的部位产卵，以在芽眼处产卵最多，卵为淡黄色。该虫能适应较低的温度，成虫在−7℃时仍能存活。干旱有利于其发生，播种浅、培土薄的田块发生重。

▶▶ **防治措施**

（1）避免从有马铃薯块茎蛾的产区带出薯块。

（2）种薯熏蒸处理。将磷化铝12片分成3份，用卫生纸包严，均匀放到1 000kg薯块中间，用薄膜盖严。当气温12～15℃时处理5d，高于20℃处理3d。注意不要在有人住的地方熏蒸，以免造成人员中毒，用后的废渣有毒，需深埋处理。

（3）贮藏期防治。贮藏之前，清洁贮藏室，防止马铃薯块茎蛾飞入。

（4）田间防治。播种时严格选用无虫种薯。发现田间叶片上幼虫危害的透明斑，应摘除叶片，集中带出田外深埋或销毁。及时中耕培土，使薯块不会暴露在土壤之外以防马铃薯块茎蛾在薯块上或周围产卵。不要将带虫薯块滞留田内。成虫盛发期可用溴氰菊酯乳油2 000倍液喷雾；在成虫产卵盛期，用氯氰菊酯乳油1 000～1 500倍液喷雾防治。

白粉虱（Whitefly）

白粉虱（*Trialeurodes vaporariorum*），属半翅目粉虱科，又名小白蛾子。我国各地均有发生，是菜地、田地、温室、大棚内种植作物的重要害虫。白粉虱寄主范围广，严重危害番茄、青椒、茄子、马铃薯等茄科作物，还危害花卉、果树、药材、牧草等100多科650多种植物，是一种世界性害虫。

▶▶ **危害特性** 成虫和若虫吸食植物汁液，受害叶片褪绿、变黄、萎蔫，甚至全株枯死。此外，由于其繁殖力强，繁殖速度快，种群数量庞大，群聚危害，并分泌大量蜜液，严重污染叶片和果实，往往引起煤污病的大发生，使蔬菜失去商品价值。

▶▶ **形态特征**

（1）成虫。白粉虱两翅合拢时，平覆在腹部上，通常腹部被遮盖。雌虫腹末钝圆，雄虫腹末则较尖。雄虫腹末中央的黑褐色阳具明显。

（2）卵。长椭圆形，顶部尖，端部卵柄插入叶片中，以获得水分避免干死。卵变色均由顶部开始逐渐扩展到基部，一般温室白粉虱的卵色由白到黄，近孵化时为黑紫色，卵上覆盖成虫产的蜡粉较明显。

（3）拟蛹。外观为立体（边缘垂直）椭圆形，似蛋糕状，颜色为白色至淡绿色，半透明，拟蛹边缘有腊丝，背上通常有发达直立长刺毛5～8对，是由原乳突内蜡腺分泌的，光滑的叶片上也有不具长刺毛的拟蛹。成虫羽化经拟蛹背面的倒T形裂缝中脱出。

白粉虱危害叶片症状

▶▶ **发生规律及生活习性**

（1）越冬。白粉虱以各种虫态在温室中及室内多种寄主上过冬，无滞育或冬眠现象。在适合其生存发展的环境中，终年都可生长繁殖。但此虫在露天环境中不能越冬。

（2）成虫习性。成虫羽化多集中在上午，成虫从初羽化到第1次飞行历时约4h。成虫求偶时，信息素起着重要作用。由于信息素的存在，雄虫可在较远的距离发现雌虫。求偶历程可分为两个阶段，即交配前期和交配期。整个交配前期历时平均14～17d，温度高时此期可缩短。成虫多产卵在叶背，极少产在叶片的正面或茎上。产的卵有两种分布形式，即圆形分布和不规则分布。繁殖力强，雌成虫在不同的温度下，产卵量差异很大。

（3）生活史。在温室只要条件适宜，白粉虱可终年繁殖，不断地生长。一年可完成10～12个世代。在恒温条件下饲养白粉虱，完成一个世代需25d。在不同的恒温条件下，其完成一代所需时间为21～30d。

▶▶ **防治措施**

（1）人工捕杀。黄板诱杀白粉虱可取得良好的效果。诱虫数量与诱虫板离植株的距离有关。离植株1m的诱虫板只能诱到小于5日龄的成虫，而距离0.5m远的诱虫板可诱到各个日龄的成虫。

（2）生物防治。丽蚜小蜂防治此虫取得了良好的效果，室内放蜂防治效果可达87%；草蛉亦是温室中防治白粉虱的重要天敌类群；英国还使用蜡蚧轮枝菌（*Verticillium lecanii* Zimm）防治白粉虱。

（3）农业防治。使用防虫网，阻止白粉虱侵入温室；选用某些材料覆盖土壤表面，可防止白粉虱栖息在作物上；选用抗虫品种，同时种植诱集带，消灭杂草寄主；清洁田园，收获作物或蔬菜后，要清除残枝败叶，保持3～4周在田间不留任何可能是白粉虱寄主的栽培植物。

（4）药剂防治。噻嗪酮防治效果较好，联苯菊酯乳油可杀成虫、若虫、拟蛹，对卵的效果不明显。

蛴 螬 （Grub）

蛴螬俗称地狗子，别名白地蚕、白土蚕等，是鞘翅目金龟甲总科幼虫的统称。分布于我国各地，主要危害马铃薯的根和块茎。金龟甲按食性可分成植食性、粪食性和腐食性三大类，其中植食性的大黑鳃金龟（*Hloltrichia diomphalia* Batesa）、暗黑鳃金龟（*Holotrichia parallela* Motschulsky）和铜绿丽金龟（*Anomala corpulenta* Motschulsky）等最为常见，发生普遍，危害最为严重。

▶▶ **危害特性** 蛴螬终年栖居土中，喜食幼苗的根、茎，咬食和钻蛀地下茎和块茎，断口整齐平截，可造成幼苗的地上部萎蔫，严重时造成田间缺苗断垄或毁种。咬食马铃薯块根、块茎，造成孔洞和坑道，可把马铃薯根部咬食成乱麻状，使品质降低甚至引起腐烂。

▶▶ **形态特征** 蛴螬由于种类不同，虫体大小不等，均为圆筒形，体肥大，弯曲近呈C形，多为白色，少数为黄白色。头部褐色，上颚显著，腹部肿胀。体壁较柔软多皱，体表疏生细毛。头大而圆，多为黄褐色或红褐色，生有左右对称的刚毛，刚毛数量多少常为分种的特征。蛴螬胸足3对，一般后足较长。腹部10节，第10节称为臀节，臀节上生有刺毛，其数目的多少和排列方式也是分种的重要依据。

成虫、幼虫与蛹

蛴螬危害薯块症状

▶▶ **发生规律及生活习性**　蛴螬多为1～3年完成1代，如大黑鳃金龟多为两年1代，暗黑鳃金龟、铜绿丽金龟一年1代。幼虫和成虫在55～150cm无冻土层中越冬。蛴螬共3龄，一龄、二龄期较短，三龄期最长。4月中旬形成春季危害高峰，夏季高温时则老熟幼虫下移筑土室作茧化蛹，羽化的成虫大多在原地越冬。一般在5月初出现成虫（即金龟子），5月中旬至7月上旬和9月分别为成虫两个取食期，白天藏在土中，20∶00～21∶00进行取食等活动。因此，蛴螬在春秋两季对幼苗的危害最重。

蛴螬有假死和负趋光性，并对未腐熟的粪肥有趋性，对黑光灯敏感。蛴螬终生栖居土中，其活动主要与土壤的理化特性及温湿度等关系密切。在一年中活动最适土温平均为13～18℃，高于23℃时则逐渐向深土层转移，至秋季土温下降到其活动适宜范围时，再移向土壤上层。

▶▶ **防治措施**

1.农业防治

（1）精耕细作，春秋翻耕土壤。对于蛴螬发生严重的地块，在深秋或初冬翻耕土地，不仅能直接消灭一部分蛴螬，而且能将大量蛴螬暴露于地表，使其被冻死、风干或被天敌啄食、寄生等，一般可压低虫量，明显减轻第二年的危害。

（2）合理轮作倒茬，有条件的地区实行水旱轮作。前茬为豆类、花生、甘薯和玉米的地块，常会引起蛴螬的严重危害，这与蛴螬成虫的取食活动有关。

（3）合理施肥，避免施用未腐熟的厩肥。蛴螬成虫及其他一些蔬菜害虫，如菠菜潜叶蝇、种蝇等，对未腐熟的厩肥有强烈趋性，常将卵产于其内，如施入田中，则带入大量虫源。碳酸氢铵、腐殖酸铵等化学肥料，散发出的氨气对蛴螬等地下害虫具有一定的驱避作用。

（4）合理灌溉，土壤温湿度直接影响着蛴螬的活动，对于蛴螬发育最适宜的土壤含水量为15%～20%，土壤过干过湿，均会迫使蛴螬向土壤深层转移，如持续过干或过湿，则使其卵不能孵化，幼虫致死，成虫的繁殖和生活力严重受阻。因此，在蛴螬发生区，在不影响作物生长发育的前提下，对于灌溉要合理加以控制。

2.人工防治　在成虫羽化出土高峰期，利用成虫具有趋光性，有条件地区在田边装黑光灯，灯下放置水盆，水中滴入一些煤油，诱杀成虫，减

少蛴螬的发生数量。灯光下结合使用农药，防止灯光区附近加重危害。幼虫每年随地温升降而垂直移动，地温20℃左右时，幼虫多在深10cm以内土层取食，一般在夏季清晨和黄昏由深处爬到表层，咬食苗木近地面的茎部、主根和侧根。在新鲜受害植株下深挖，可找到幼虫集中处理。也可取20～30cm长的槐树枝条，将基部泡在内吸性药液中，药液稀释30～50倍，10h后取出树枝捆成堆诱杀。

3.化学防治

（1）药剂处理土壤。如用50%辛硫磷乳油200～250g/hm^2，加水10倍，喷于25～30kg细土上拌匀成毒土，顺垄条施，随即浅锄，或以同样用量的毒土撒于种沟或地面，随即耕翻，或混入厩肥中施用，或结合灌水施入。

（2）药剂拌种。用50%辛硫磷乳油与水和种子按1∶30∶（400～500）的比例拌种；用25%辛硫磷胶囊剂种子包衣；用60%吡虫啉悬浮种衣剂进行拌种，100kg种薯推荐使用剂量为20mL，此法亦能兼治金针虫和蝼蛄。

（3）毒饵诱杀。用50%辛硫磷胶囊剂150～200 g/hm^{2}拌谷子等饵料5kg，或50%辛硫磷乳油50～100g拌饵料3～4kg，撒于种沟中，亦可收到良好防治效果。

（4）生物防治。蛴螬的天敌有茶色食虫虻、寄生蜂（金龟子黑土蜂）、寄生螨、寄生蝇等。而对蛴螬防治有效的病原微生物主要有绿僵菌、乳状杆菌、白僵菌等。

由于蛴螬种类多，在同一地区同一地块，常为几种蛴螬混合发生，世代重叠，发生和危害时期很不一致，因此，只有在普遍掌握虫情的基础上，根据蛴螬和成虫种类、密度、作物播种方式等，因地因时采取相应的综合防治措施，才能收到良好的防治效果。

地老虎 （Cutworms）

地老虎又称土蚕、地蚕、切根虫等，属鳞翅目夜蛾科切根夜蛾亚科，是一类典型的多食性害虫。寄主范围非常广，除可危害马铃薯等茄科作物幼苗外，还可危害豆科、十字花科、百合科、葫芦科等蔬菜以及玉米、胡麻等作物幼苗。其中危害马铃薯的主要有大地老虎（*Agrotis tokionis* Butler）、小地老虎（*Agrotis ypsilon* Rottemberg）、黄地老虎（*Agrotis segetum*

Schiffermtiller）和八字地老虎(*Agrotis cnigrum* Linnaeus)。小地虎分布最广，全国各地均有发生；大地老虎我国各地均有发生，但主要发生于长江下游沿海地区，多与小地老虎混合发生，其他地区很少发生灾害；黄地虎除了广东、海南、广西等地未见报道外，其他省份均有分布。

▶▶ **危害特性**　主要以幼虫危害幼苗，多从地面上咬断幼苗，取食幼苗心叶，切断幼苗近地面的根茎部，使整个植株枯死，造成缺苗断垄，严重地块甚至绝收。幼虫还可以钻入块茎危害，影响马铃薯的产量和品质。

▶▶ **形态特征**

1.大地老虎

（1）成虫。体长20 ~ 22mm，翅展52 ~ 62mm，暗褐色。雌蛾触角丝状，雄蛾触角双栉齿状，分枝较长，向端部渐短小，几达末端。前翅褐色，前缘自基部至2/3处黑褐色；肾状纹、环状纹、楔状纹明显，周缘各围以黑褐色边，肾纹外方有1个黑色条斑；亚基线、内横线、外横线均为双条曲线，但有时不明显；外缘具1列黑点，内侧至亚缘线间为暗褐色。后翅淡褐色，外缘具很宽的黑褐色边。

（2）卵。半球形，长1.8mm，高1.5mm，初淡黄色，后渐变黄褐色，孵化前灰褐色。

（3）幼虫。老熟幼虫体长41 ~ 61mm，黄褐色，体表皱纹多，颗粒不明显。头部褐色，中央具黑褐色纵纹1对，后唇基等边三角形。各腹节体背前后2个毛片大小相似。气门长卵形，黑色。臀板除末端2根刚毛附近为黄褐色外，几乎全为深褐色，且布满龟裂状皱纹。

（4）蛹。长23 ~ 29 mm，初浅黄色，后变黄褐色。腹部第3 ~ 5节明显较中胸及第1 ~ 2节为粗。腹部第4 ~ 7节前缘有圆形刻点，背面中央的刻点较大，腹端具臀棘1对。

2.小地老虎

（1）成虫。体长16 ~ 23mm，翅展42 ~ 54mm。触角雌蛾丝状，雄蛾双栉齿状。前翅暗褐色，前缘及外横线至中横线部分呈黑褐色。肾形纹、环形纹和楔形纹均镶黑边，肾形纹外侧有1个尖端向外的楔形黑斑，至外缘线内侧有2个尖端向内的楔形黑斑。后翅灰白色，翅脉及外缘黑褐色。

（2）卵。馒头形，直径约0.6mm，表面有纵横相交的隆线，有些纵线2 ~ 3叉型。初产乳白色，后渐变为黄色，孵化前顶部呈黑色。

（3）幼虫。末龄幼虫体长37～47mm，头宽3.2～3.5mm。黄褐色至黑褐色，表皮粗糙，布满大小不等的颗粒，尤以深色处最明显。腹部第1～8节背面各有4个毛片。臀板黄褐色，有2条明显的深褐色纵带。

（4）蛹。长18～24mm，红褐色至暗褐色。腹部第4～7节基部有1圈刻点，腹末具臀棘1对。

3.黄地老虎

（1）成虫。体长14～19mm，翅展32～43mm，灰褐色至黄褐色。前翅黄褐色，翅面散布小褐点，各横线为双条曲线但多不明显，肾纹、环纹和剑纹明显，且围有黑褐色细边，其余部分为黄褐色。后翅灰白色，半透明。

（2）卵。扁圆形，底平，黄白色，卵壳表面有纵脊纹16～20条。

（3）幼虫。体长33～45mm，头部黄褐色，体淡黄褐色，体表颗粒不明显，体多皱纹而淡，臀板上有2个黄褐色大斑，中央断开，小黑点较多，腹部各节背面毛片，后两个比前两个稍大。

（4）蛹。体长16～19mm，红褐色。第5～7腹节背面有很密的小刻点9～10排，腹末生臀棘1对。

地老虎危害症状（右1图由许庆芬提供）

▶▶ 发生规律及生活习性

1.大地老虎 一年发生1代，以三至六龄幼虫在土表或草丛中潜伏越冬，越冬幼虫在4月开始活动危害，6月中下旬老熟幼虫在土壤3～5cm深处筑土室越夏。越夏幼虫对高温有较高的抵抗力，但当土壤过干或过湿，或土壤结构受耕作等生产活动所破坏，越夏幼虫死亡率很高。越夏幼虫至8月下旬化蛹，9月中下旬羽化为成虫，每雌产卵量648～1 486粒，卵散产于土表或生长幼嫩的杂草茎叶上，孵化后，常在草丛间取食叶片。越冬幼虫抗低温能力较强。

2.**小地老虎**　全国各地发生世代各异，发生代数由北向南递增。西北地区一年2～3代，长城以北一般一年2～3代，长城以南黄河以北一年3代，黄河以南至长江沿岸一年4代，长江以南一年2～3代，南亚热带地区一年2～3代。无论年发生代数多少，在生产上造成严重危害的均为第1代幼虫。南方越冬代成虫2月出现，全国大部分地区羽化盛期在3月下旬至4月上、中旬，宁夏、内蒙古为4月下旬。

3.**黄地老虎**　在东北、新疆北部、内蒙古一年2代，西北一年2～3代，华北一年3～4代。主要以老熟幼虫在土中越冬，少数以三至四龄幼虫和蛹越冬。黄地老虎以第1代幼虫危害春播作物幼苗严重，在华北5—6月危害最重，黑龙江6月下旬至7月上旬危害最重。

▶▶ **防治措施**

1.**农业防治**　精耕细作，春秋翻耕土壤。早春铲除田间地头田埂杂草，在作物幼苗期或幼虫一至二龄期结合松土，能消灭一部分卵和幼虫。

2.**物理防治和人工捕杀**

（1）诱杀成虫。在成虫盛发期利用黑光灯或糖醋液诱杀。

（2）诱杀幼虫。在幼虫发生期，针对地老虎喜爱泡桐叶独特气味这一习性，将采集的新鲜泡桐叶用清水浸泡20～30min后，于傍晚放入菜田中，每亩放60～80片，次日清晨可将聚集在泡桐叶上的地老虎幼虫捕捉灭杀。

3.**化学防治**　在耕翻之前，每亩用50%辛硫磷乳油250mL加湿润细土10～15kg拌匀撒到地面，随即翻入土中；播种时，用75%辛硫磷乳油500倍液拌种；在中期发现幼虫危害可用50%辛硫磷乳油250mL兑水穴浇，每亩用药液500kg，或用20%氰戊菊酯乳油20mL、50%辛硫磷乳油70mL等兑水50～60kg喷雾。

4.**生物防治**　应用植物源杀虫剂。据报道夹竹桃叶植物颗粒剂对地老虎防治效果可达83.3%。

金针虫（Wireworms）

金针虫是鞘翅目叩头甲科幼虫的统称，是我国的重要地下害虫。金针虫有70余种，其中危害马铃薯的有39种。在我国危害农作物的金针虫有数十种，其中最重要的有沟金针虫（*Pleonomus canaliculatus* Faldermann）和细胸金针虫（*Agriotes fuscicollis* Miwa）2种。除此以外，褐纹金针虫（*Melanotus caudex* Lewis）和宽背金针虫（*Selatosomus latus* Fabricius）等在我国北方许多地区发生也较普遍。

沟金针虫在我国辽宁、内蒙古、山东、山西、河南、河北、北京、天津、江苏、湖北、安徽、陕西、甘肃等13个省份均有分布，其中又以旱作区域中有机质较为缺乏而土质较为疏松的粉沙壤土和粉沙黏壤土地带发生较重，是我国中部和北部旱作地区的重要地下害虫。

细胸金针虫国内分布于北纬33°～50°、东经98°～134°的广大地区，主要包括淮河以北的东北、华北和西北各省份，其中以水浇地、较湿的低洼过水地、黄河沿岸的淤地、有机质较多的黏土地带发生较重。

▶▶ **危害特性**　金针虫长期生活于土壤中，食性杂，危害各种作物、蔬菜、牧草和林木。咬食播下的种子，伤害胚乳使之不能发芽；咬食幼苗须根、主根或地下茎，使之不能生长甚至枯萎死亡。幼虫侵入马铃薯的茎，但对植株生长影响不大，幼虫还能蛀入块茎或块根，有利于病原菌的侵入而引起腐烂。在干燥环境下，幼虫通常在马铃薯块茎上蛀出多个约3mm的小洞，并且这些小洞周围是光滑的，幼虫在这些小洞留下排泄物后变成深褐色。金针虫危害幼苗的显著症状是受害苗的主根很少被咬断，受害部位不整齐，呈丝状。成虫在地上活动时间不长，多以腐殖质为食，危害不重，在天气干燥时，它们可能会破坏薯块以补充水分，干燥结束后又恢复先前的生存状态。

▶▶ **形态特征**

1.沟金针虫

（1）成虫。雌虫体长16～17mm，宽4～5mm；雄虫长14～18mm，宽3.5mm。体栗褐色，密被细毛。雌虫触角11节，略呈锯齿状，长约为前胸的2倍；前胸发达，中央有微细纵沟；鞘翅长为前胸的4倍，其上纵沟不明显，后翅退化。雄虫体细长，触角12节，丝状，长达鞘翅末端；鞘翅长约为前胸的5倍，其上纵沟明显，有后翅。

（2）卵。乳白色，长约0.7mm，宽约0.6mm，椭圆形。

（3）幼虫。老熟幼虫体长20～30mm，宽约4mm，金黄色，宽而扁平。体节宽大于长，从头部至第9腹节渐宽，胸背至第10腹节背面中央有1条细纵沟。尾节两侧缘隆起，具3对锯齿状突起，尾端分叉，并稍向上弯曲，各叉内侧均有1小齿。

（4）蛹。纺锤形，长15～20mm，宽3.5～4.5mm，前胸背板隆起呈半圆形，尾端自中间裂开，有刺状突起。化蛹初期体淡绿色，后渐变深色。

金针虫危害症状（左图由许庆芬提供）

2.细胸金针虫

（1）成虫。体长8～9mm，宽约2.5mm。体细长，暗褐色，略具光泽。触角红褐色，第2节球形。前胸背板略呈圆形，长大于宽，后缘角伸向后方。鞘翅长约为胸部的2倍，上有9条纵列的点刻。足红褐色。

（2）卵。乳白色，圆形，直径0.5～1.0mm。

（3）幼虫。老熟幼虫体长约23mm，宽约1.3mm，体细长圆筒形，淡黄色有光泽。尾节圆锥形，背面近前缘两侧各有褐色圆斑1个，并有4条褐色纵纹。

（4）蛹。纺锤形，长8～9mm。化蛹初期体乳白色，后变黄色；羽化前复眼黑色，口器淡褐色，翅芽灰黑色。

▶▶ **发生规律及生活习性**

1.**沟金针虫** 一般3年完成1代，少数2年、4～5年完成1代。越冬成虫春季10cm土温达10℃左右时开始出土活动，10cm土温稳定在10～15℃时达到活动高峰。在华北地区，越冬成虫于3月上旬开始活动，4月上旬为活动盛期。在陕西关中，产卵期从3月下旬至6月上旬，卵期平均42d，5月上、中旬为卵孵化盛期。孵化幼虫危害至6月底下潜越夏，待9月中、下旬秋播开始时，又上升到表土层活动，危害至11月上、中旬，开始在土壤深层越冬。第二年3月初，越冬幼虫开始活动，3月下旬至5月上旬危害最重。随后越夏，秋季危害，越冬。幼虫期长达1 150d左右，直至第三年8—9月在土中化蛹，蛹期12～20d。9月初开始羽化为成虫，当年不出土而越冬，第4年春才出土交配、产卵。成虫昼伏夜出，白天潜伏在麦田或田边杂草中和土块下。雄虫不取食，善飞，有趋光性；雌虫偶尔咬食少量麦叶，无后翅，不能飞翔，行动迟缓，只在地面或麦苗上爬行，使其扩散蔓延速度受到很大限制。卵散产于3～7cm深土中，单雌平均产卵200余粒。

2.细胸金针虫 陕西关中大多2年完成1代，甘肃武威、内蒙古、黑龙江等地大多3年完成1代。世代重叠，多态现象明显。在陕西3月上、中旬，当10cm土温7.6～11.6℃，气温5.3℃时，越冬成虫开始出土活动；4月中、下旬10cm土温平均达15.6℃，气温为13℃左右时，是活动盛期；6月中旬为末期。4月下旬开始产卵，5月上旬为产卵盛期。5月中旬卵开始孵化。孵化后的幼虫在土中取食腐殖质和作物根系，并开始越夏。9月下旬又升至表土层危害至12月。当平均气温降至1.3℃，10cm土温降至3.5℃时，向下越冬。越冬幼虫活动较早，当翌年2月中旬10cm土温达到4.8℃时，幼虫就开始上升到表土层进行危害。3—5月是幼虫危害盛期。6月下旬幼虫陆续老熟并化蛹，7月中、下旬为化蛹盛期。8月是成虫羽化盛期。羽化的成虫当年不出土，至第3年春季出土活动。

成虫昼伏夜出，有强叩头反跳能力和假死性，略具趋光性，并对新鲜而略萎蔫的杂草及作物枯枝落叶等腐烂发酵气味有极强的趋性，常群集于草堆下，故可利用此习性进行堆草诱杀。成虫夜晚取食，喜食小麦叶片，次为苜蓿、小蓟等，取食叶肉幼嫩组织，尤喜吮食折断麦茎或其他禾本科杂草茎秆中的汁液，但食量甚小。卵主要散产于0～3cm表土层，每雌产卵量5～70粒，大多为30～40粒。

▶▶ **防治措施**

1.农业防治

（1）秋末耕翻土壤，实行精耕细作。

（2）合理轮作倒茬。实行禾谷类和块根、块茎类大田作物与棉花、芝麻、油菜、麻类等直根系作物轮作，有条件的地区实行旱水轮作，是减轻金针虫危害的有效措施。

2.化学防治 参见蛴螬。

蝼 蛄 （Mole cricket）

蝼蛄俗称拉拉蛄、地拉蛄、土狗子、蜊蛄，属直翅目蝼蛄科。我国记载蝼蛄有6种，其中分布最广泛、危害最严重的有华北蝼蛄（*Gryllotalpa unispina* Saussure）和东方蝼蛄（*Gryllotalpa orientalis* Golm）2种。此外，普通蝼蛄（*Gryllotalpa gryllotalpa* Linnaeus）在新疆局部地区危害较重，台湾蝼蛄（*Gryllotalpa formosana* Shiraki）在我国台湾、广东、广西等省份分布较多，危害也较重。

华北蝼蛄是我国北方的重要种类，国内主要分布于长江以北地区，如江苏（苏北）、河南、河北、山东、山西、陕西、内蒙古、新疆以及辽宁和吉林西部，尤以华北、西北地区干旱贫瘠的山坡地和塬区危害严重。

▶▶ **危害特性** 蝼蛄是最活跃的地下害虫，食性杂，成虫、若虫危害严重。咬食各种作物种子和幼苗，特别喜食刚发芽的种子，咬食幼根和嫩茎，扒成乱麻状或丝状，使幼苗生长不良甚至枯萎死亡，造成严重缺苗断垄。特别是蝼蛄在土壤表层窜行危害，造成种子架空而不能发芽，幼苗吊根失水而干枯死亡。"不怕蝼蛄咬，就怕蝼蛄跑"就是这个道理。苗床、谷苗、麦苗最怕蝼蛄窜，一窜就是一大片，损失非常严重。

▶▶ **形态特征**

（1）成虫。体长39～66mm，黄褐色。前胸背板暗褐色，中央有1个心脏形暗红色斑点。腹部近圆筒形，上有7条褐色横线，背面黑褐色，腹面黄褐色。前足腿节下缘呈S形弯曲，后足胫节背侧内缘有棘1～2个或消失。

蝼 蛄

（2）卵。椭圆形，初产时黄白色，长1.6～1.8mm，宽1.3～1.4mm，渐变为黄褐色；孵化前为深灰色，长2.4～3.0mm，宽1.5～1.7mm。

（3）若虫。形态与成虫相似，翅不发达，仅有翅芽。初孵若虫体长3.6～4.0mm，乳白色，只复眼淡红色，以后颜色逐渐加深，头部变为淡黑色，前胸背板黄白色。二龄以后体变为黄褐色，五龄、六龄以后基本与成虫同色。老龄若虫体长36～40mm。

▶▶ **发生规律及生活习性** 蝼蛄生活史一般较长，1～3年才能完成1代，均以成虫、若虫在土壤中越冬。华北蝼蛄各地需3年左右完成1代。在华北地区，越冬成虫于6月上中旬开始产卵，7月初孵化。到秋季达八至九龄，深入土中越冬。第2年春越冬若虫恢复活动继续危害，到秋季达十二至十三龄后又进入越冬。第3年春又活动危害，8月以后若虫羽化为成虫，危害一段时间后即以成虫越冬。至第4年5月成虫开始交配准备产卵。

华北蝼蛄和东方蝼蛄均是昼伏夜出，21：00～23：00为活动取食高峰。蝼蛄若虫和成虫有以下习性。

（1）群集性。初孵若虫有群集性，怕光、怕风、怕水。东方蝼蛄孵化后3～6d群集一起，以后分散危害；华北蝼蛄初孵若虫三龄后方才分散危害。

（2）趋光性。蝼蛄昼伏夜出，具有强烈的趋光性。利用黑光灯，特别是在无月光的夜晚，可诱集大量东方蝼蛄，且雌性多于雄性。故可用灯光诱杀。华北蝼蛄因体笨重，飞翔力弱，诱量小，常落于灯下周围地面。在风速小、气温较高、闷热降雨的夜晚，也能大量诱到。

（3）趋化性。蝼蛄对香甜物质气味有趋性，特别嗜食煮至半熟的谷子、棉籽及炒香的豆饼、麦麸等。因此可制毒饵来诱杀。此外，蝼蛄对马粪、有机肥等未腐烂有机物有趋性，所以在堆积马粪、粪坑及有机质丰富的地方蝼蛄就多，可用毒粪进行诱杀。

（4）趋湿性。蝼蛄喜欢栖息在河岸渠旁、菜园地及轻度盐碱潮湿地，有"蝼蛄跑湿不跑干"之说。东方蝼蛄比华北蝼蛄更喜湿。

华北蝼蛄多在轻盐碱地内缺苗断垄、无植被覆盖的干燥向阳、地埂畦堰附近或路边、渠边和松软的油渍状土壤中产卵，而禾苗茂密、郁蔽之处产卵少。在山坡干旱地区，多集中产在水沟两旁、过水道和雨后积水处。产卵前先做卵窝，呈螺旋形向下，内分3室，上部为运动室或称耍室，距地面 8 ～ 16cm，一般约 11cm；中间为椭圆形卵室，距地表 9 ～ 25cm，一般约 16cm；下部是隐蔽室，供雌虫产完卵后栖居，距地面 13 ～ 63cm，一般约 24cm。1 头雌虫通常筑 1 个卵室，也有筑 2 个的。产卵少则数 10 粒，多则上千粒，平均 300 ～ 400 粒。东方蝼蛄喜欢潮湿，多集中在河两岸、池塘和沟渠附近产卵。产卵前先在 5 ～ 20cm 深处做窝，窝中仅有 1 个长椭圆形卵室，雌虫在卵室周围约 30cm 处另做窝隐蔽，每雌产卵 60 ～ 80 粒。

▶▶ 防治措施

（1）农业防治。有条件的地区实行水旱轮作，以及精耕细作、深耕多耙、不施未经腐熟的农家肥等，夏季结合夏锄，挖窝灭卵，造成不利于地下害虫的生存条件，减轻蝼蛄危害。

（2）马粪和灯光诱杀。可在田间挖 30cm 长、30cm 宽、20cm 深的坑，内堆湿润马粪，表面盖草，每天清晨捕杀蝼蛄。

（3）药剂防治。每亩用 50% 辛硫磷 1.0 ～ 1.5kg，掺干细土 15 ～ 30kg 充分拌匀，撒于菜田中或开沟施入土壤中。

（第六部分编者：詹家绥　李国清　田恒林　肖春芳　高剑华）

营养失衡（Nutrient imbalance）

一、氮元素（Nitrogen）

1.**氮过量**（Nitrogen excess）**症状**　氮过量容易造成马铃薯植株地上部分生长旺盛，叶片变小畸形，少数叶会凹陷成杯状。氮过量还会影响根部发育，延缓薯块形成和成熟，薯块易得病和腐烂，杀秧收获困难，薯块表皮脆弱，产生畸形薯块以及内部缺陷，减少产量。

预防措施。马铃薯整个生育期内应加强氮素管理，全程避免过量施用氮肥，在种植前结合土壤氮素水平、马铃薯品种氮素需求特性和目标产量确定合理的施氮量，并注意氮肥主要在生育前期施用。

2.**缺氮**（Nitrogen deficiency）**症状**　基部老叶最先出现缺氮症状，叶片淡绿色或发黄，且较严重，但叶脉仍呈绿色。短期缺氮时，叶片轻微发黄；长期缺氮时，整株发黄，叶片向上卷曲，叶片变小，老叶从植株上脱落，植株矮小，长势弱化，茎木质化（植株中碳水化合物生成量过高，一方面不能用来合成氨基酸或其他含氮化合物，另一方面不能在氮的代谢中被利用，可能参与花色素苷的合成而导致色素积累），薯块产量降低。

（1）发生条件。多发生在有机质含量较低、酸度足以抑制硝化作用的沙质土上。

（2）防治措施。早施氮肥，可用作种肥或苗期追肥。

（3）应急措施。叶面喷施0.2%～0.5%尿素溶液或含氮复合肥。

二、磷元素（**Phosphorus**）

缺磷（Phosphorus deficiency）**症状**　磷元素参与呼吸作用和光合作用，组成植物细胞膜的磷脂，对植株早期生长和块茎发育具有重要作用。缺磷时，植株矮小。严重缺磷时，植株顶端生长停止，叶片、叶柄及小叶边缘皱缩，下部叶片向上卷曲，叶缘焦枯，叶片呈深绿色或紫色，缺磷越严重，叶缘越卷曲，老叶提前脱落，根系生长受影响，匍匐茎的数量和长度减少，块茎有时产生一些褐色斑点。产量降低，增施磷元素后产量和结薯率均上升，但单个薯块重量会下降。

（1）发生条件。常发生在重质黏土中，因固结作用使磷变为不可利用的状态；也会出现在石灰或沙土等天然含磷量低的轻质土壤上。低温会影响磷吸收。

（2）防治措施。缺磷田块增施有机肥并沟施过磷酸钙或磷酸二铵作基肥，尤其是pH<5.2和pH>7.8的土壤环境下需要施磷。

（3）应急措施。叶面喷施0.3%～0.5%的磷酸二氢钾溶液，每隔6～7d喷1次。

三、钾元素（**Potassium**）

缺钾（Potassium deficiency）**症状**　钾元素主要调节植物渗透压，激活呼吸作用与光合作用的相关酶。马铃薯对钾的需求量和氮差不多，缺钾时，植株矮小、紧凑，顶梢枯死，底部叶片最先表现出皱缩枯萎，呈青铜色，然后边缘坏死凹陷，叶脉间具有青铜色斑点，向下卷曲，似早熟，茎纤细且节间缩短。根系发育受影响，匍匐茎短，产量低。薯块茎端出现深褐色似软腐的凹陷症状，随后坏死组织形成直径2mm或更大似软木的洞。薯块切开后薯肉产生黑斑和变黑。

（1）发生条件。淋溶的轻沙质土、腐质土、泥炭土易缺钾，常不能满足马铃薯的生长需要。

（2）防治措施。根据种植前的土壤检测水平来确定钾肥用量，在马铃薯生长时期跟踪采集叶片分析来控制钾肥用量（最好施用复合钾肥）。

（3）应急措施。基肥混入200kg草木灰。播后40d施用草木灰150～200kg或硫酸钾10kg兑水浇施。也可在收获前40～50d，喷施1%硫酸钾，隔

10 ~ 15d 1次，连用2 ~ 3次。也可喷洒0.2% ~ 0.3%磷酸二氢钾或1%草木灰浸出液。

四、硼元素（Boron）

1. 硼过量（Boron excess）症状 小叶主脉向上弓，边缘黄化，叶尖枯萎。植株底部症状更加明显。

预防措施。马铃薯对硼浓度较敏感，施用硼肥时宜采用叶面喷施，喷施时间在现蕾至开花期，注意硼肥浓度不能过高（以0.08% ~0.1%为宜），避免重复喷施。禁止在易受风蚀的土壤环境中喷施硼肥。若叶面喷施后发生硼过量，应立即喷施清水进行清洗，并喷施芸薹素内酯3 000倍液＋螯合钙1 000倍液缓解肥害，也可增施硝酸钙缓解肥害。

2. 缺硼（Boron deficiency）症状 硼元素能促进细胞伸长和组织分化，加快酶代谢和木质素形成，参与碳水化合物运输和蛋白质代谢。缺硼后植株皱缩，叶片向上卷曲，有轻度褐色组织间隔，根系变短变密，发育不良，严重时茎端、根端生长点坏死，侧芽、侧根萌发生长，枝叶丛生。叶片粗糙、卷曲、增厚变脆、皱缩歪扭、褪绿萎蔫、叶缘变褐。叶柄及枝条增粗变短、开裂、木栓化，或出现水渍状斑点或环节状突起。块茎发育不良，薯块小，表皮开裂，近匍匐茎处的表皮下面呈现褐色斑点。缺硼植株还会呈现多毛的症状，叶片淀粉积累，症状类似卷叶病毒病。

（1）发生条件。河流冲积黏土常发生缺硼症状，土壤酸化、硼素淋失或石灰施用过量，均会出现缺硼。

（2）防治措施。缺硼土壤每亩基施硼砂0.5kg。

（3）应急措施。缺硼时于苗期至始花期每亩穴施硼砂0.25 ~ 0.75kg，也可在始花期叶面喷施0.1% ~ 0.2%硼砂溶液。

五、铁元素（Iron）

缺铁（Iron deficiency）症状 铁是酶和许多传递电子蛋白的重要组成元素，参与调节叶绿体蛋白和叶绿素的合成，是氧化还原体系中的血红蛋白（细胞色素和细胞色素氧化酶）和铁硫蛋白的组分。

植物缺铁时首先在幼叶上表现出失绿症，即叶片失绿黄白化，新叶白化，但不会坏死。初期脉间褪色而叶脉仍绿，叶脉颜色深于叶肉，色界清晰，严重时叶片变黄，甚至变白。缺铁严重时，叶片上出现坏死斑点，逐渐坏死，甚至导致整株死亡。

（1）发生条件。易发生在石灰土中，土壤中磷肥多或偏碱性，影响铁的吸收和运转，出现缺铁症状。

（2）防治措施。花期开始喷洒0.5%～1%硫酸亚铁溶液1～2次。

六、锌元素（Zinc）

1.锌过量（Zinc excess）症状 植株生长缓慢，植株顶部和叶边缘失绿，底部叶片发紫。

预防措施。马铃薯对锌中等敏感，锌是马铃薯生长发育中不可或缺的重要微量元素，需要量较少，忌过量施用，以每亩施硫酸锌1～1.5kg作为基肥或每亩叶面喷施0.2%硫酸锌溶液为宜。经常发生锌过量症状的土壤环境可以通过提高土壤pH将锌固定为一种不易被植物吸收的形式来缓解。

2.缺锌（Zinc deficiency）症状 锌通过酶的作用对植物碳、氮代谢产生广泛影响并参与光合作用，参与生长素的合成，促进生殖器官发育，并提高抗逆性。

缺锌时植株叶片小，底部叶片黄萎，类似于灼伤，失绿、灰褐色，中部叶片有青铜色斑点。轻度缺锌嫩叶褪绿并上卷，叶片上有灰褐至青铜色斑点，后成坏死斑。叶片叶脉容易脱落。

（1）发生条件。碱性土壤或含磷量高的土壤容易缺锌，土壤锌含量低于1mg/kg被认为缺锌。

（2）防治措施。土壤缺锌，施锌量2～8kg/hm²。

（3）应急措施。植株缺锌时可叶面喷施0.5%硫酸锌或氯化锌溶液，每10d左右喷1次。

七、锰元素（Manganese）

1.锰过量（Manganese excess）症状 不常发生，典型症状是茎和叶柄形成坏死斑，叶片失绿，叶脉间微黄甚至坏死，一般底部先出现症状，然后向上发展，通常花期后迅速严重，茎变褐色坏死，易断裂，植株容易死亡。它可抑制Fe^{2+}和Mg^{2+}等离子的吸收活性，并破坏叶绿体结构，导致叶绿素合成下降、光合速率降低。

预防措施。马铃薯对锰敏感，施用锰肥时一定要控制施用量，不能过量，浓度需控制在400mg/L以下。土壤酸性越强、越湿润、越冷凉、越紧实，锰在土壤中的溶解度越大，经常出现锰过量症状的土壤环境可以通过增施石灰来缓解。

2.缺锰（Manganese deficiency）症状 锰在植物体内的主要作用通过影响酶的活性来实现，所以锰又叫催化元素。

缺锰时，叶脉间失绿后呈浅绿色或黄色，严重时叶脉间几乎全白色，有时顶部叶片向上卷曲，叶片中脉及其附近会出现圆形的深褐色或黑色坏死斑点。严重缺锰时失绿加重甚至叶片脱落。一般底部先出现症状，逐渐向上发展。

（1）发生条件。质地黏重、透气不良的碱性土壤易缺锰。酸性土壤容易发生锰中毒。

（2）防治措施。因土壤pH过高而引起的缺锰，应多施硫酸铵等酸性肥料以降低pH，如土壤缺锰可每亩基施硫酸锰2kg。

（3）应急措施。缺锰时可及时叶面喷施0.5%～1%硫酸锰溶液。

八、钙元素（Calcium）

缺钙（Calcium deficiency）症状 钙元素主要与细胞膜和细胞壁的结构和通透性有关，同时也是重要的信号转导者。

缺钙时最初发生在植株生长点，植株细长、矮小、叶片皱缩、向上卷曲。叶边黄化枯萎，随后产生坏死斑。缺钙严重时根尖畸形、发黑，茎尖失活，形成莲座状植株。缺钙也会导致薯块脐部坏死以及形成分枝芽。薯块变小，有时虽地上部分看着正常，但薯块已经缺钙，因为钙不容易从上部移动到薯块。缺钙薯块易感染环腐病。种薯播种在缺钙的土壤中，根系较正常，但芽坏死停止生长。贮藏时，缺钙薯块芽顶端出现坏死，表皮和内部维管组织坏死。

（1）发生条件。在几乎不含钙化合物的轻沙质土壤上生长的马铃薯往往比在重质土壤较早出现缺钙症状。酸性土壤容易发生缺钙。

（2）防治措施。马铃薯易缺钙，在块茎膨大期注意补施钙肥。酸性较强的土壤中易出现缺钙现象，可撒施部分石灰以补充土壤中的钙素或调整土壤pH。

（3）应急措施。叶面喷施0.5%过磷酸钙溶液或0.3% ~ 0.5%氯化钙溶液，每隔5 ~ 7d用1次。

九、镁元素（Magnesium）

缺镁（Magnesium deficiency）**症状**　镁在植物体生长过程中至关重要，与植物体内生理反应和细胞组织结构发育有关，是构成叶绿素的主要矿质元素，直接影响植物的光合作用和糖、蛋白质的合成。

缺镁时，中下部老叶片先出现症状，小叶边缘开始由绿变黄，进而叶内变黄，而叶脉仍呈绿色。下部叶片色浅，从最下部叶片的尖端或叶缘开始褪绿，由叶脉间向小叶的中部扩展，后叶脉间布满褪色的坏死区域，叶簇增厚卷曲或叶脉间向外突出，缺镁叶片变脆。坏死叶易脱落，根系发育受阻，影响营养元素吸收。

马铃薯叶片缺镁症状

（1）发生条件。酸性土或沙土易发生；含钾高的土壤会加重缺镁。

（2）防治措施。缺镁时，注意施足充分腐熟的有机肥，改良土壤理化性质，使土壤保持中性，必要时亦可施用石灰进行调节，避免土壤偏酸或偏碱。采用配方施肥技术，做到氮、磷、钾和微量元素配比合理，必要时测定土壤中镁含量，当镁不足时，施用含镁的肥料，应急时，可在叶面喷洒1% ~ 2%硫酸镁溶液，隔2d施用1次，每周喷3 ~ 4次。

环境伤害及物理损伤（Environmental injury and Physical damage）

一、气生薯（Aerial tuber）

碳水化合物从茎部向地下部的运输受阻后，易在植株基部形成气生薯。气生薯形状各异，呈绿色或紫色，薯形较小。

气生薯的形成受很多因素的影响，如黑胫病菌、黑痣病菌、甜菜曲顶病毒等侵染都可阻止碳水化合物的运输，从而形成气生薯。同时，一些外界条件引起的茎部损伤，如昆虫咬烂或机械损伤以及长期积水也会形成气生薯。气生薯发生概率较低，对产量影响小。受影响植株的块茎小或畸形，块茎品质下降。

气生薯

▶▶ **防治措施**

（1）尽量减少植株生长期的茎秆损伤。

（2）使用合格种薯可一定程度上避免一些病害的发生，从而减少气生薯的产生。

二、空气污染损伤（Air pollution）

当大面积出现高气压现象，或当较冷地表上滞留一层热空气时，均会引起光化学氧化物（臭氧、硝酸过氧化乙酰等）的积累，对马铃薯植株造成损伤。氧化剂的密度、暴露时间、植株长势、品种及叶片茂盛程度等都会影响光化学氧化物的损伤程度。此外，一些硫氧化物也会对马铃薯植株造成危害，造成减产，症状类似缺钾、缺钙。

叶片正面出现黑褐色斑点，有时叶片黄化，或呈古铜色；叶片背面出现坏死斑点，呈凹陷状。症状最初出现在老叶片上，逐渐向上发展。随后植株逐渐失绿，叶片脱落。

空气污染损伤症状

▶▶ **防治措施**

（1）避免在损伤高发区种植敏感品种，选择种植抗臭氧品种。

（2）块茎和匍匐茎形成初期加强栽培管理，保持地上部分叶片旺盛，避免或降低对地下块茎的影响。

三、盘绕型芽（Coiled sprout）

发芽过程中失去趋向性会出现盘绕型芽，盘绕部分一般浮肿或扁化，盘曲部分出现青褐色坏死斑或横纵向龟裂。这类植株比正常植株分枝多，薯块早期发育异常。

盘绕型芽的产生通常是由种薯过度成熟、土壤条件（深耕或土壤温度低）限制正常发芽或化学损伤造成。

▶▶ **防治措施**

（1）避免种植发芽过长的种薯。

（2）避免在紧实的土壤上种植，不利于发芽。

四、冰雹损伤（Hail injury）

冰雹从高空落下会造成植株叶片、茎秆机械损伤，诱发马铃薯生理病害和病虫害的发生。冰雹块内温度在0℃以下，冰雹接触到土壤和植物后，会使周围环境迅速降温，造成植株冻伤，同时造成土壤板结、透气性差，植株间接受害。

冰雹损伤的危害，主要取决于冰雹发生时植株所处的发育期。开花后2～4周的植株遭受冰雹造成的损失最大。除了影响产量，还会影响块茎的淀粉含量。部分叶片受损会造成植株晚熟，茎部损伤会导致二次生长。形成的伤口部分易受软腐病等细菌性病害侵染，造成二次损伤，引起减产。

冰雹对马铃薯植株的危害

▶▶ **防治措施**

（1）冰雹损伤后应及时保持充足的养分，喷施叶面肥，增强植株抗损伤能力。

（2）喷灌条件下增施铜元素，一定程度上可增强植株对细菌性病害的抵抗力，避免减产。

五、高温损伤（Heat injury）

在未成熟期，叶片与茎距离地面高温区（达32℃）较近的情况下容易发生高温损伤，常引起叶片变形，植株茎部扭曲，块茎内部产生圆形或无规则轻度黄褐色至微红褐色的坏死斑，斑点可布满全部薯肉；主要局限于离芽端近的维管束周围，也可发生在薯块的其他部位。

热胁迫坏死斑（龙贵林提供）

►► **防治措施**

（1）提早播种，确保植株在空气温度达到27℃以前成熟。

（2）适时灌溉，以降低土壤表面温度。

（3）如播种前存在高温情况，应采用从东到西的种植方式，可一定程度上避免植株被阳光直射，降低地面温度或植株温度。

六、二次生长（Second growth）

二次生长指在单个匍匐茎上形成多个小薯或在母薯上直接产生子代小薯。正在形成的块茎因生长条件受限暂时停止生长，当生长条件恢复后，部分块茎又重新生长，即块茎的二次生长，形成了各种畸变形状，包括块茎上的芽抽出长成匍匐茎，块茎顶端长出子薯及链球薯，芽眼突出、块茎弯曲、开裂等。

马铃薯二次生长症状

母薯上直接产生子代小薯

►► **防治措施**

（1）催芽期间，不宜将种薯长时间放置于高温环境中；播种前及播种过程中，保证种薯切块大小均衡，播种间距适当；拌种时，注意部分杀菌剂、杀虫剂对个别品种生长的制约性，用量需小心谨慎。

（2）合理的栽培措施可促进块茎正常生长发育。

（3）整个生长期注意灌溉，保证水分充足，块茎形成期保证营养充足。

七、叶尖烧（Tipburn）

在高温、干燥、多风的环境下过度失水后伴随一段冷凉气候导致的症状。叶尖和叶脉变黄，向上卷曲，逐渐凋亡，呈褐色或灰色。

马铃薯叶尖烧症状

▶▶ **防治措施**

（1）水分供应充足以保证马铃薯植株的正常生长发育，若出现缺水应及时灌溉。

（2）植株高8cm左右时避免采取破坏土壤结构的栽培措施，避免田块出现坑洼等因素导致的缺水。

八、风损伤（Wind injury）

刮风引起植株间的摩擦，受损伤的叶片起初会出现浅黄亮色，随后变干呈暗褐色。热风损伤症状为叶片网状坏死，凹凸不平，有时像霜冻和叶

风损伤叶片症状

尖烧的症状。刮风引起的叶片损伤对产量品质的影响不大，但有时容易感染其他病害。适当的风会刮走叶面上的害虫，对害虫的防治有一定帮助。

九、薯块龟裂（大象皮）（Elephant hide）

通常褐色麻皮马铃薯容易产生深度龟裂，像大象皮的症状。土壤水分和盐碱度、土壤有机质及营养元素含量等多种原因均可导致薯块龟裂。

薯皮龟裂症状

▶▶ **防治措施**

（1）选取薯块表皮缺陷少的品种种植。

（2）种植前充分了解土壤状况等。

十、皮孔肥大（Enlarged lenticels）

皮孔肥大、突出，主要由于长期在积水或板结的土壤中生长造成。

薯块皮孔肥大症状（左图由许庆芬提供）

▶▶ 防治措施

（1）注意灌溉时间和灌溉量，不宜过量灌溉，尤其是生长后期。建议依照生育期及时跟踪调整灌溉量。

（2）注意排水，尤其在低洼区域。

（3）避免播种前土地处理和耕作期间造成的土壤板结。

（4）出现皮孔肥大的薯块最好分开收获，建议尽快销售或加工。

十一、纤细芽（Spindly sprouts and Hair sprouts）

薯块发芽早、纤细。在生长季后期尤其是薯块膨大时期，遇到高温干燥气候，容易产生纤细芽。有时炭疽菌侵染后的薯块也易产生纤细芽。

▶▶ 防治措施

（1）选取生理年龄小的种薯种植。

（2）选用合格种薯，避免可能引起纤细芽的真细菌性病害的侵染。

纤细芽症状

十二、日灼病（薯块青皮）（Sunscald/Tuber greening）

薯块在田间或收获后长期、频繁地暴露于烈日和高温下引起的症状。薯块因受影响组织的白质体中积累叶绿素而变绿，表面组织的变绿也可延伸至薯肉内部20mm或更深。变绿的强度和程度取决于光照时间和强度、环

薯块青皮症状

境条件、品种和块茎生理年龄等多种因素。

▶▶ **防治措施**

（1）适当中耕培土可以有效降低田间薯块因阳光照射而变绿。

（2）运输和贮藏过程中避免薯块强光直射。

（3）收获时避免将收获后的薯块长期放置在大田环境中。

十三、薯块开裂（Growth cracks）

薯块开裂分两种：扩展型裂纹和细条型裂纹。主要影响商品薯品质。薯块水分饱和、外界环境温度低时容易在薯块表皮上形成裂纹。

薯块开裂症状

▶▶ **症状** 收获时常常看见有的块茎表面有一条或数条纵向裂痕，表面被愈合的周皮组织覆盖，即块茎开裂。裂口宽窄长短不一，是块茎迅速生长阶段，由于内部压力超过表皮的承受能力而产生了裂缝，随着块茎的膨大，裂缝逐渐加宽。有时裂缝逐渐长平，收获时只能见到裂缝的痕迹。

▶▶ **原因** 薯块开裂的一个原因是不正常的水分供给。在一段长时间的干旱后，薯块停止生长，薯皮失去弹性，再次给水后薯块恢复生长，薯肉组织增长加快，而失去弹性的表面组织产生开裂。而在潮湿的条件下，有些品种的薯块也会在经历一个快速生长期后由于过高的膨胀压而产生开裂。

▶▶ **防治措施** 增施有机肥，保证土壤肥力均匀；同时适时浇水，保证块茎膨大期土壤含水量适宜，土壤透气性好，避免土壤干旱。

十四、薯块畸形（Tuber malformation）

▶▶ **症状**　块茎畸形多因块茎发生二次膨大形成。畸形的类型有肿瘤块茎（即在块茎的芽眼部位突出，形成瘤状小薯）、哑铃形块茎（即在靠近块茎顶部形成"细脖"）、次生块茎（即在块茎上再形成块茎，进而产生新的枝叶）和链状二次生长（即块茎上长出匍匐茎再形成块茎）。

畸形薯块

▶▶ **原因**　块茎产生二次膨大的主要原因有施肥不均衡、极度高温、土壤湿度的起伏、高温干旱以及直接接触除草剂等。凡是引起块茎不能正常发育的外界条件，都能造成块茎产生畸形。品种不同，因二次生长引起的畸形表现也不同。通常薯块畸形与一定时间内温度和湿度压力造成的块茎停止或延迟生长有关。块茎生长期，由于高温干旱使块茎停止生长，甚至造成芽眼休眠。随后因块茎已停止生长形成周皮，新吸收的养分就运到能够继续生长的部位（主要是芽眼、块茎顶端等），引起畸形生长。

▶▶ **防治措施**

    （1）尽量选用对温湿度等敏感程度低的品种。

    （2）提供均衡的水肥条件。

    （3）整个生长季植株和块茎保持均一的生长条件。

十五、块茎褐心和空心（Hollow heart and brown heart）

褐心和空心被认为是在两个不同时期发生的块茎内部紊乱，通常分开发生，并且可能由于相同的条件造成。褐心在块茎很小时发生，最敏感时期为块茎形成到重60g之间。空心可在这一时期以及随后的生长季发生。褐心的初期症状为块茎髓部出现轻微变色，褐色区域的大小和颜色不一。受影响的组织变褐，细胞最终死亡。如果块茎在变色发生后缓慢均一生长，死细胞可被活细胞生长冲散，褐色可能在生长季末期消散。若块茎快速生长，受影响组织可能会分散并形成一个内部的空腔，即空心。依据紊乱发生时间的不同，空心可在块茎中心或靠近中心位置，以及芽末端产生。温度是造成褐心的一个因素。在块茎形成期和膨大早期由于低温环境造成土壤温度低于13℃达5～7d时，有利于褐心的发生。

褐心与空心

▶▶ **防治措施**

（1）种植不易发生褐心和空心的品种。

（2）根据品种的最小推荐距离播种种薯。

（3）遇到低温气候时，特别是春天，避免过度浇水。

（4）整个生长季尽量以合适的水肥保证块茎生长速度均一。

十六、块茎黑心病（Black heart）

▶▶ **症状**　块茎中心部位出现由黑色至蓝黑色的不规则花纹。缺氧严重时整个块茎均可能变黑。通常发病组织与健康组织边界较明显。

▶▶ **原因**　黑心病是由于块茎内部缺氧所致。贮藏窖密封严实或薯堆过大时，都会由于内部供氧不足而发生此病。黑心病的发生还与温度有关。一般来说，温度较低时症状发展较慢，但在0～2.5℃要比在5℃时发展快。在36～40℃的极端高温时，也极易出现黑心病，其主要原因为氧气不易迅速在组织内扩散。

黑心症状

▶▶ **防治措施**

（1）避免将块茎暴露于过低（接近0℃）或过高（30℃以上）的环境中。

（2）不要将薯块留在高温的土壤中，不要在1℃以下贮藏薯块。

（3）贮藏和运输期间注意薯块保存条件。

十七、薯块内部发芽（Internal sprouting）

从薯块内部发芽，长出的芽往往分枝，芽可以穿透薯块或从芽眼处长出来。遇长期高温时，芽可以在薯块内部生长，高温储存的生理年龄较老的种薯更易出现。表面喷洒抑芽剂的种薯发芽后由于芽尖生长受阻，容易在薯内发芽。

▶▶ **防治措施**

（1）贮藏期保持相对恒定的温度和高湿（相对湿度90%）条件。避免10～12℃以上的温度，以免加快种薯失水老化。

（2）按照推荐剂量和时间使用抑芽剂，最好在出芽前施用。

十八、低温胁迫（Low-temperature injury and Frost damage）

▶▶ **症状**　低温胁迫造成的损伤范围较广，可致薯块轻微受损至完全冰冻死亡。解冻后，组织逐步变白至粉色、红色并最终变褐、变灰、变黑。组织会变软，呈水渍状腐烂，留下淀粉类残渣。在局部受冷胁迫的薯块内部，受伤的部分和未受伤的部分中间会产生一条黑线。冻伤的薯块易被真细菌感染。薯块表皮松弛皱缩，内部薯肉颜色从灰褐色到黑色，局部形成烟雾状。低温还会引起叶片横向伸展受限制，叶片变黄萎蔫或潮湿，有时候维管束部分发黑（类似于卷叶病的维管束坏死症状，区别是薯块在回暖情况下会变软、流水）。

低温危害后植株症状

▶▶ **原因** 冷害改变膜的通透性，膜功能丧失，光合速率受抑制，糖类运输变缓，呼吸速率下降，蛋白合成受阻，冰晶形成和原生质体脱水导致细胞死亡。

▶▶ **防治措施**

（1）注意培土以保护块茎免遭低温。

（2）尽可能在霜冻前收获薯块。

（3）运输和贮藏过程中避免将薯块暴露在0℃以下，采取保温措施保证环境温度在3℃以上。

（4）如果在收获前有冻霜天气，最好等到环境温度上升后再收获。

（5）如果薯块在收获前已经冻伤，收获后最好在7～10℃的温度下保存2～3周，以便伤口愈合，之后在通风环境下吹干，剔除有明显损伤的薯块，且不易贮藏时间过长。

十九、透明脐部（Jelly end）

薯块脐部发黑、萎蔫溃疡，形成轻褐色果冻状薯肉，油炸后没有味道（因淀粉缺少且分布不均匀引起），在长形、椭圆形品种中出现的频率高。未成熟的畸形薯块被贮藏在7℃以下时易产生果冻状脐部。果冻状部分与健康部分界限明显。通常在土壤温度高、干旱、生长初期灌溉不当或生理性胁迫的情况下由于激素水平失衡或碳水化合物的运输受阻导致薯块停止发育造成。

透明脐部症状

▶▶ **防治措施**

（1）结合马铃薯的生理需求适时灌溉，保持均一的生长条件，尤其在薯块形成早期。

（2）避免过量灌溉。

（3）种植薯块畸形率低的品种。

（4）薯块在田间环境下成熟后再进库贮存，避免贮藏期间透明状脐部的进一步扩大。

二十、薯皮脱落（Tuber surface injuries during harvest）

薯皮脱落属于机械损伤，在未完全成熟的薯块上容易产生，脱皮区域经风吹日晒后会变成黑色。

薯皮脱落

除草剂药害 （Herbicide injury）

除草剂是一种作用于植物的化学制剂，其使用技术不仅与其成分、用量息息相关，还与环境条件、马铃薯品种、植株长势等密切关联。除草剂在使用过程中会与马铃薯直接或间接接触，稍有不慎，就会造成药害，严重影响马铃薯生长。有些除草剂会引起马铃薯叶片形状、颜色、植株的农艺性状等发生重大变化；还有一些除草剂会引起马铃薯根茎异常，如根茎变长或变短、薯块畸形等；还有一些使用过内吸性除草剂的马铃薯，若用其块茎作种薯，会造成出苗迟缓、植株活力低下、分枝多等症状。除草剂药害均会危及薯块品质安全，导致马铃薯严重减产。

一、引起马铃薯除草剂药害的因素

引起除草剂药害的因素比较复杂，可分为以下几种，在实际生产中可以结合症状或发生范围进行初步判断。

（1）由空气流动引起飘移。在有风的天气用非马铃薯田专用除草剂防治邻近田块作物的杂草，导致除草剂飘移引起药害。

（2）由除草剂在土壤中移动引起的药害。除草剂在土壤中的活力和移动比较复杂，许多施用于土壤表面或农作物的农药，如遇种薯种植较浅或遇暴雨冲刷则会使农药在土壤中形成相对流动，造成药害。生产中一般不会发生。

（3）施药器械污染。如果使用一个喷药设备喷施各种农药，在喷施除草剂后且在喷施马铃薯药剂之前没有清洗或清洗不干净，也会对马铃薯产生药害。一些除草剂（例如某些磺酰脲类除草剂）会在极低浓度下造成药害。不同种类的除草剂存放在一起或喷雾器漏药也会造成药害。

（4）种薯自身携带除草剂。马铃薯种薯在收获过程、贮藏期、运输过程中可能沾染除草剂，如果仓库在贮藏种薯之前或存放过程中放置过农药、施药器械，则种薯有可能携带农药，造成药害，收获器械或运输工具残留的除草剂也有可能引起药害。

（5）施药不当引起的药害。打药转弯时没有关闭喷雾器，形成半圆圈的重复喷雾。如果在田间有带状或半圆形药害症状，则有可能是重复喷药超过剂量所致。

（6）前茬使用除草剂残留药害。前茬种植作物使用的除草剂种类较多，情况比较复杂，要根据药害症状及施用的除草剂综合判断。

（7）由于马铃薯敏感品种、生育期差异、植株长势过弱、除草剂过量使用等而引起的药害。除草剂对于马铃薯的损伤程度、出现的症状等存在很大的品种差异，而且同一品种在不同生长阶段、不同生长环境下损伤程度也不尽相同。

（8）家畜粪便携带除草剂。家畜食用含有除草剂的饲料后用其粪便作为肥料可能会对马铃薯造成药害。

（9）不利环境引起的药害。环境条件不适宜情况下喷施马铃薯专用除草剂也可能会造成药害。

（10）除草剂可能与其他农药，如杀虫剂、杀菌剂等协同作用引起药害。

二、除草剂药害症状

除草剂对马铃薯造成的药害症状因除草剂种类、环境条件、品种敏感性不同而异，其症状可以按照茎叶药害、块茎药害、种薯药害三大类加以区分。

（1）茎叶药害症状。叶片变色。具体表现为叶脉变黄、叶片微红变紫、新生叶严重黄化等症状。溴苯腈飘移量过大会引起叶片变黄至青铜色或棕色，叶片边缘灼伤，直至整个叶片枯萎。莠去津和敌草隆引起的药害症状是老叶从叶缘开始黄化，随后老叶死亡，如果剂量过高新叶也可能会受到影响。草甘膦飘移引起药害的典型症状为新叶变黄、植物生长迟缓，飘移量过高时叶片可能失绿至棕色，并且死亡。

叶片畸形。二氯吡啶酸处理马铃薯，在叶片残留后导致叶片严重卷曲，形似倒钩。苯氧基类生长调节剂被植株叶片吸收后运输到植物叶或根的生长点处，造成叶片皱缩，类似菠菜叶片的现象，叶片向上卷曲、平行脉形成窄长型叶片，同时植物茎部出现扭曲、薯块芽眼变深等现象。苯氧基类除草剂主要造成叶片损伤，对马铃薯造成的药害症状与一些病原菌或不利环境因素造成的症状类似，常被误认为病毒侵染的症状。

叶片生长方向、形状发生改变，叶片呈杯状向上卷曲。咪草酯飘移或携带引起叶片伸长、皱缩、杯状向上生长。结薯期由咪唑烟酸或咪唑乙烟酸飘移引起叶片向上卷曲而枯萎。

二氯吡啶酸叶片药害症状

含苯氧基的除草剂导致叶片皱缩

乙酰乳酸合成酶抑制剂（ALS 抑制剂）包括黄酰脲类除草剂和烟嘧磺隆等。这些除草剂可干扰植物生长中所必需的一些氨基酸的合成，造成植物损伤。低浓度的 ALS 抑制剂（如飘移的药剂）会造成植株新叶变黄、向上卷曲、植株生长缓慢等症状。高浓度的 ALS 抑制剂会使植株叶片变成红紫色，茎部变为淡紫色。

（2）块茎药害症状。芽眼变异。含苯氧基的除草剂可导致薯块芽眼加深。

薯块畸形。草甘膦飘移会引起块茎变为不规则形，具有折痕、褶皱、裂缝和大象皮肤状表皮。ALS 抑制剂类除草剂对植株造成的损伤在后期即使恢复，依然会对马铃薯块茎产生很大的损伤。马铃薯植株被黄酰脲类除草剂损伤后结出的薯块有很深的纵向裂纹，瘤状突起，呈香蕉或梨形折叠状、橡皮绳状。高浓度除草剂会导致形成瘤状类似爆米花的块茎，或在一个匍匐茎上形成链条状块茎。

一些黄酰脲类除草剂可在土壤中存在一年以上，它们可从上一季作物的土壤中残留到下一季作物，对作物造成伤害。残留在土壤中的这类除草剂可延迟马铃薯出苗，出苗后的植株出现暗灰色或蓝绿色，与植株受到严重干旱时导致的症状类似。

薯块变小。溴苯腈飘移不会导致块茎畸形，但可能引起块茎变小和产量降低。

（3）种薯药害症状。主茎数增多。草甘膦在种薯中残留可能导致单芽种薯形成多个弱芽，也可能引起多个芽眼有幼芽生长。

形成闷生薯。草甘膦被种薯携带后会导致闷生薯的形成。

主茎分枝。草甘膦在种薯中残留可能引起主茎在土壤表面下分枝。

（第七部分编者：冯志文　沈艳芬　杜密茹　蒲媛媛　张迎迎）